從逆境中崛起

富比士榜上的

商界傳奇

(B. C. Forbes)

伯蒂·查爾斯·富比士　著

莊天賜　譯

市場分析

創新管理

策略規劃

借鑑成功企業家的思考模式

跳脫思考框架，有所區別才能做出成就

每一次的經歷都是學習成長的機會

藉由故事理解商業世界中的卓越法則

企業家的成功心法，探索商業領袖的決策力與創新力

目錄

▼
目錄

前言

多年來，我一直與富比士共事，一開始作速記員，後來是祕書，現在是他的助手。令我驚奇不已的是，無論在過去還是現在，富比士先生一直與眾多的美國商業和金融界的領袖人物保持著密切的連繫和友好的關係。

只要一提到「這是富比士先生的來電。」，電話另一端就會非常重視。

富比士先生所撰寫的關於商業領袖們的傳記無疑在數量上超過了任何人，在全國、乃至全世界他都被公認為是這方面的最重要的傳記家。你也許會記得他曾經撰寫或編輯過的書籍的名字。

最近，為了給《富比士》雜誌的專欄撰稿，他開始挖掘那些深埋在記憶中的，自己與眾多商界企業家打交道的點點滴滴。

於是，我又想起了很多過去聽他講過的相似的故事，這些故事有些曾公開發表，有些從未面世。

「我們何不把這些故事寫成一本有趣的書呢？」我問。

「可以一試，但是你覺得會有人買這樣的書嗎？」我的這位既精明又保守的蘇格蘭老闆問。「不過你先做做看，先把書編出來，然後我們再研究怎麼辦。」

說做就做。

而他也漸漸地喜歡上了回憶，記起了很多新奇有趣的真人真事。

這本書於是得以面世。

我滿心歡喜地促成了本書的問世，也希望你會喜歡。

黑洞洞的槍口

再高超的銷售人員也有失手的時候。從美國菸草公司的底層銷售人員一步步升到了總裁位置的德高望重的文森特·瑞吉歐先生（Vincent Reggio）在槍口下明白了這個道理。這個恐怖的故事是他親口告訴我的。

「很多年前，我和幾名銷售人員在奧札克高原一帶工作。我們走進一家很小的藥店。我記得那裡的貨品擺放得很凌亂。我們的人主動向店長介紹了一種新的銷售香菸的好辦法，也就是將菸盒的正面而不是底部朝外擺放。店長一臉茫然，並不買帳。後來我們告訴他如果他不喜歡我們擺放的樣子，我們可以再將貨品恢復原樣，他這才勉強同意。」

「等我們都忙完了，店長並沒有說他不喜歡我們的擺設。他直接從櫃子裡拿出了一把左輪手槍，在地板上走來走去，用槍一個一個地指著我們，命令我們馬上恢復原狀。」

「我可不想對著左輪手槍說話。我們把貨品放回原處趕快離開了。這次我什麼也沒有賣出去。」

「今天氣溫是多少？」

　　現任巴爾的摩 —— 俄亥俄鐵路公司總裁羅伊‧懷特（Roy B White）在年輕時非常心高氣傲，自詡對自己當時所從事的鐵路工作瞭若指掌、無所不知。但是，當他終於有機會去見老闆時，雖然一如既往地表現出自信滿滿、勝券在握的樣子，卻遭到了當頭一棒。

　　這就是懷特先生的故事：

　　「1910 年 3 月，我被任命為鐵路公司印第安納波利斯分公司的高級監督員。我了解這家公司的情況，與公司中的大多數人很熟悉，並且工作也非常賣力。」

　　「我要向辛辛那提的總監報告，此人剛剛從太平洋公司調到這裡，對本地區鐵路情況並不了解。我們都跟他不熟，他對我們和這條鐵路也一無所知。六月初的一個晚上，他在去視察途中順路來到了印第安納波利斯。我預先知道了他的行程，並且十分確信他和他的一行人根本就不了解本地區的鐵路業務。對這條鐵路的了解使我足以應付

他的每一個問題。我準備好了各種資料，似乎已萬事俱備、毫無紕漏。」

「在他動身去視察的那天早晨我早早就來到了他乘坐的車廂。他當時正在吃早餐，嘴裡還有食物。他抬起頭，看看我說：早上好，懷特。今天氣溫是多少？」

「他的第一個問題就難倒了我，令我措手不及！。」

「這是一個慘痛的教訓，影響了我的一生。後來，當我和他熟悉一些後，我了解到他其實早就知道我是個自負的傢伙，他只是想用這個辦法來挫挫我的銳氣。事實上，在後來整個的視察行程中我都閉上了嘴巴。」

吉姆‧蘭德如何得到訂單

雷明頓蘭德公司的總裁詹姆斯‧蘭德（James H. Land）年輕時曾經推銷過銀行設備。有一次當弗蘭克‧蒙西（Frank A. Muncie）準備在巴爾的摩和華盛頓開設幾家新銀行時，他便上門去碰碰運氣。

蒙西仔細詢問了各種銀行設備的優缺點等情況，然後讓他到門外稍等片刻。

「我給華盛頓的經理寫封信。」他說：「你可以去和他商量訂單的事。」

蘭德強壓住心中的喜悅，趕緊拿上了信，跳上了火車趕往了華盛頓。他找到了那位經理，定下了兩萬五千美元的訂單，卻把信件的事完全拋在了腦後。

後來，蘭德先生在口袋裡摸到了這封信，他把信拆開，裡面寫到：「多向此人了解各種情況，但切勿從此人處購買任何物品。」

捱罵的湯瑪斯·沃森

　　湯瑪斯·沃森（Thomas Watson Jr）建立了享譽全球的國際商務機器公司（IBM），該公司在紐約證券交易所的市值一直居世界前列。他至今還記得自己當年做業務員時的一次經歷。（順便提一句，IBM 公司從未間斷過自己的科學研究步伐，開發了許多舉世無雙的產品，其中包括在哈佛研製的，或許是人類歷史上最震撼人心的 IBM 自動程式控制電腦。）

　　「我當時沒有接受過任何正規的訓練，剛剛在收銀機公司水牛城辦事處工作不久。我的經理朗吉詢問我工作進展地怎麼樣。」沃森繼續說：「我只好說我沒有談妥一份訂單，但是有幾份潛在的預期訂單。」

　　「預期的？經理問道，要等多久？我能不能等到那一天？」

　　「然後他開始滔滔不絕地教訓我該怎樣做一個合格的業務員。他講話的主旨不外乎是告訴我銷售最重要的不是什麼潛在的訂單，而是那些握在手裡的實際的訂單。」

「我當時十分沮喪，下定決心要辭職離開。這時突然他的話鋒一轉。年輕人，他說：我知道你的痛苦。你問別人是否需要你的收銀機，然後所有人都拒絕了你。你想一想如果他們都了解我們的機器，然後所有人都決定購買我們的機器那將又是怎樣的情景。我們會因此而失業，因為他們會自己來信訂購我們的機器。」

「他告訴我不要放棄而是要更加努力，甚至有必要的話，每天工作到晚上9點。而且，如果我不停地走訪客戶，就會把更多的潛在的客戶變為現實，而我也將斬獲成功。（當時大部分的零售店都是營業到晚上9點。）。」

「他接下來的話令我永生難忘。」

「走，朗吉先生說：去店鋪會一會那些可能對我們產品有興趣的客戶。如果有人感興趣，我們就在他的店裡安裝一臺機器。我跟你一起去，如果失敗就一起失敗，我絕不會責備你的。」

「這次的經歷給我留下了很深的印象。後來當我升到了主管的位置時，我決定我也要效仿朗吉先生的做法，努力做一名自己員工的好助手。」

「這也是現在 IBM 公司所有高級經理的所遵循的政策。」

老闆，請回到你自己的位置！

在航空業享有盛名的史密斯（C. R. Smith）是一名持有執照的飛行員。在美國航空公司成立的初期，他常常要充當飛機的駕駛員。當時的公司規模還很小，有一次，他又操縱起自己乘坐的飛機。在完美地將飛機降落在奧克拉荷馬州的一片玉米地後，他興奮地說：「你看怎麼樣？」

「我看你最好還是讓我來駕駛，而你回去管理我們的公司。」對方生硬地回答道。

史密斯的同事後來告訴我說：「自從史密斯不再駕駛飛機後，美國航空公司開始蓬勃發展，最終成為全球最大的航空公司。」

三角學幫了胡克的大忙

如果他不曾在學校裡努力學習，查理斯‧魯芬‧胡克（Charles Rufinn Hooke）可能永遠也不能成為全國知名的鋼鐵公司成功的主管。

「國中畢業後，1898 年 9 月我在辛辛那提西部的俄亥俄河一家小型的鍍錫鐵皮工廠找了一份每週 2 美元的打雜工作。第二年 1 月分的一天，財務處長古德曼來找我，問我是否學過代數，我說學過。」

「然後他告訴我說他昨晚一直都在絞盡腦汁地計算水平放置的大圓桶中的硫酸的重量。他忙了好幾個小時但還是無法得出圓桶的體積。」

「我告訴他我可以試試看。當晚，經過了幾個小時努力後我突然意識到只有運用三角學才能解決這個問題。我用一根木棒從桶的頂部伸入圓桶中，這樣就得出了硫酸的高度，繼而計算出了桶中硫酸的重量。」

第二天一早，我把計算結果交給了古德曼先生。他說：「年輕人，看來你還沒有忘記學校裡學過的知識。」

「因為這件事情，我受到了老闆的關注。我因此得到了幾年後的首次晉升以及後來很多年裡老闆對我的器重。」

「1899 年信託公司收購了這家鍍錫鐵皮工廠。」

「當時這家信託公司的總部在紐約，我被派到了那裡。三個月後我意識到如果想得到好的鍛鍊，就應該返回到工廠。我放棄了這份當時對我這個孩子來說已經相當不錯了的工作，離開了紐約，在印第安納州瓦斯市的摩爾伍德工廠的鋼筋工廠謀得了一份工作，薪水是每小時 13.5 美分。此前一直在辛辛那提做監督員的李維斯（W. P. Levis）當時在這裡做工廠經理。」

「為了成為一名技術工人，我不分晝夜刻苦學習。李維斯指導我如何成為一名軋輥車工，這在當時也算是一份技術性很強的工作了。18 個月後我被認定合格，不但成了一名軋輥車工還當了熱軋工廠的領班。在此期間，古德曼先生一直在和李維斯先生保持通訊，十分了解我的情況。」

「1902 年初秋，我收到了辛普森的來信。此人曾做過辛辛那提軋機錫板公司的總裁，現任美國軋機公司副總裁。他邀請我到米德爾頓去見他。之後我被聘任為阿姆科公司的夜班監督員。後來我了解到是古德曼先生將我推薦

給辛普森先生的，之後辛普森先生又將我推薦給阿姆科公司著名的建立者。」

「我認為是那次三角學事件在我的職業生涯中造成了至關重要的作用。」

鎮定的人

一次，紐約商會在瓦爾道夫酒店舉辦了熱鬧的年會聚餐，聚餐接近尾聲時，我問當時的會長勒羅伊・林肯先生（Leroy Lincoln），「您一定覺得如釋重負吧？」誰知他反問道：「你指的是什麼，什麼如釋重負？」

「當然成功舉辦這麼大的盛事了。」

「我從來都沒有為此擔心過。」他冷靜地回答道。

他真是個鎮定的人啊。

在一次他所主持的大型人壽保險總裁會議上，我也見識了他超凡的鎮靜自若。

為什麼會這麼鎮定？

勒羅伊・林肯精通業務，在他非凡的職業生涯中，一切都盡在其掌控之中。

難怪他後來升任了迄今世界上最大的人壽保險公司——大都會人壽保險公司的執行長。該公司擁有 3,350 萬保險客戶，保險額達 482 億美元，資產總額超過 108 億美元。

能夠將工作盡數掌握真是件了不起的事情啊！

不再擔憂的瓦格納

　　菲利普‧瓦格納（Philips D. Wagner）成功地領導了安德伍德公司，並極大地影響了他的繼任者們。但是在成為公司高管的初期，他卻不斷受到憂慮和失眠等問題的困擾。這段不堪回首的往事是他親口講述的：

　　「34歲的時候，我意外地被任命為一家大公司下屬分公司的總裁。我在這家公司的不同部門工作過，對它還算是很熟悉，但是卻從未有過總體管控一家公司的經驗。我週四被提名，週五當選，下週一上任。」

　　「我很清楚自己的職責之一就是做出各種重大的決策。但是我總是對自己決策的正確性表示懷疑。於是我決定追蹤每一項決策，一旦發現問題就馬上加以調整。我開始變得越來越緊張。」

　　「兩週後，我所做的決策越來越多，我整日瞻前顧後、疲於應付卻再無暇做出新的決策了。」

　　「我的麻煩來了。」

「我收拾好行李去了一家釣魚俱樂部，一待就是 3、4 天。終於，我領悟到這種擔憂是毫無用處的。」

「盡力而為，切莫憂慮。」

「後來情況就好多了，我再也不庸人自擾了。我和大家一樣，每天工作中都會遇到很多問題。但是因為不再整日憂心忡忡，我得以每晚安睡，第二天就會精神抖擻地去迎接新的挑戰。」

「總而言之，只要每個人都堅信這事能成功，那麼人人都可以將成功攬入懷中。」

強壓怒火

在海景鄉村俱樂部我見識到了自制力最強的一個人。那還是在幾年前，當時我的一些商界朋友攜夫人在這裡度過週末。

才華橫溢的奧爾頓·瓊斯（W. Alton Jones）當時是城市服務公司總裁，同時也是美國石油組織的主席。我邀請他下盤棋，並揚言說在下棋方面我還是從來沒有對手的。我繪聲繪色地告訴他有一次在亞特蘭大我是如何向一位美國職業冠軍挑戰並將其打敗的，以及當天下午這個冠軍是如何取消所有的比賽以便來全力以赴對付我的。當然，那一次我輸得很慘。

於是，我和奧爾頓先生開始了棋盤上的一輪輪廝殺。當然房間裡的女士們開始表現得不耐煩了，她們急於要離開房間。

這時，奧爾頓先生終於找到了一次可以打敗我的機會。只要再走上幾步棋，他就能勝券在握了。

就在此時，一位女士走了過來，打翻了棋盤，棋子灑了一地。

如果我是奧爾頓先生的話，我真想罵她。

奧爾頓先生卻什麼也沒說！

但是，如果眼神可以殺人的話，猜想這位女士一定會命喪當場的！

副總裁先生沒有想到的

「別太自以為是了。」時任賓州鐵路公司主席的馬丁·克萊門斯（Martin W. Clemens）充滿智慧地說。他有故事為證。

我當時是賓州鐵路公司的業務副總裁，那天和幾個好朋友一起去賓州的阿勒格尼山上獵松雞。又是爬山又是穿越樹林，我們覺得很累，決定早點回家。我們根據樹木朝北一面所生長的苔蘚來判定方向，然後抄近路向家走去。

到達山谷時，我們看見一群人正在修鐵路。我的朋友建議說我們可以借用手搖軌道車進城。

我忘了自己當時的樣子，走上前去對他們的工頭說：「我叫克萊門斯，是業務副總裁。」

他回答說他很高興認識我，並且告訴我他叫阿特伯里，他才是這裡的總裁。

我出示了證件，他這才又看了我一眼，然後說：「真沒想到啊！。」

後來他用手搖軌道車把我們送到了最近的車站，然後讓兒子開車送我們進了城。

一碗涼湯幫了艾琳的大忙

才華橫溢、行為古怪的約翰·帕特森（John H. Patterson）是享譽世界的收銀公司的創始人和締造者，他有非常敏銳的觀察力。一天他聽到走廊裡傳來了一陣堅定的腳步聲，於是說：「像這樣走路的人一定會有所成就的。」後來經過調查，這陣腳步聲來自於一名小有成就的年輕僱員史丹利·查爾斯·艾琳（Stanley Charles Erin）。

當公司的助理審計官職位出現空缺時，一家會計師事務所的會計獲得了任命。當時艾琳也是一名會計，並且已經在公司工作了很多年。

按照慣例，帕特森先生要邀請新上任的行政人員到家裡聚餐，同時見一見其他的公司管理人員。毫無例外，這次宴會他邀請了那位新上任的助理審計官和包括艾琳在內的許多其他職員。因為有帕特森在場，每一次聚餐都有一絲嚴肅的氣氛。他的宴會往往會演變為公司的一次論壇。

宴會進行到一半的時候，帕特森完全不顧忌是否會影響到大家的胃口，對這位新上任的助理審計官說：「請說

一說你的情況給我們聽。」

　　這位新人站起身來開始介紹自己。突然他低頭看了一眼，然後說：「我的湯要涼了。」

　　接著，這位新人做了一件最令帕特森惱火的事情：停止講話，開始喝湯。他的好運看來是到盡頭了。帕特森還是讓他把湯喝完了，但是第二天助理審計官的職位就又有空缺了。事實上，從這個新人坐下的那一刻起這個職位就已經空了。

　　後來在討論這個職位的合適人選時，大家推薦了艾琳。那一年他只有 25 歲，這一次任命開始了他行政管理生涯的第一步。

　　49 歲那年，艾琳成為公司的總裁。

羅伯特·伍德羅夫的計
演算法

　　哈特威爾《太陽報》的一位專欄作家講述了下面這個故事：

　　可口可樂公司領導者羅伯特·伍德羅夫（Robert Winship Woodruff）有一次中途停車去加油站去買冷飲（我猜應該是買可樂）。站在那裡等待時，他伸手取下了裝滿飲料的箱子，將飲料瓶倒在了冰箱的上面，然後開始計算可樂與其他飲料分別被喝了多少。這就是伍德拉夫，無時無刻都在工作。這就是為什麼他一年的成就可能會超過我們大多數人一生的成就。

一百萬美元的訂單！

環球航空公司總裁達蒙（R.S. Damon）認為，這個完美的大結局絕對是千載難逢的：

「30 年代早期，我在飛機製造公司工作，還沒有進入到航空公司。我負責向各家航空公司推銷一種有臥鋪的飛機。當時社會上已經有具備臥鋪的輪船、汽車和少量的公共汽車了。」

「飛機上不是也可以有臥鋪嗎？」

「透過朋友介紹，我有機會見到了當時美國航空公司的財務總管康德先生。我趕了一天的路，乘坐了一架又慢又吵的飛機很晚才從德州的沃思堡市趕到了洛杉磯。我們約好了第二天一早見面。」

「9 點鐘我給康德先生打電話，他說他正在收拾行裝要馬上趕往東部地區，但是如果我可以快點趕來的話，他可以留幾分鐘來見我。」

「我帶上一架有臥鋪的飛機模型，模型裡有一些坐在座位上有些躺在可摺疊的臥鋪上的小人。我搭上一輛計程

車，直接趕往他的住所。由於第一次到加州，我對當地的地形很陌生。糟糕的是這位計程車司機也是第一天在這裡開車，並不比我更熟悉當地的情況。」

「在求助了警察、藥局的電話簿和好心的市民後，我終於到達了康德先生的住所。原本只需要20分鐘的車程，我卻比預計時間晚了整整一個半小時。我當時心裡想康德先生一定早就離開了，心情十分沮喪。出乎意料的是，康德先生居然還在面帶笑容地等著我。」

「他仔細聽了我的講述，又多給了我一個半小時的時間。」

「我離開時，一份一百萬美元的訂單已經談妥了。」

機會往往就在眼前

有一句古老的蘇格蘭格言是這樣說的，最美麗的土地都在遠方；越美好的事物離我們越遠。

美國橡膠公司老闆赫伯特・史密斯（Herbert E. Smith）的一次經歷卻恰好與這句格言相反。他親口跟我講了一個故事。

我當時是個剛出校園的新人，在橡膠公司找到了一份業務的工作。這家公司後來被併入到美國橡膠公司。我負責去拜訪舊金山碼頭區的船舶公司。當時是 1913 年，船舶公司不景氣，我的工作也不好做。而且公司要求我不能去拜訪那些跟我們公司有交易的客戶。這樣我可選擇的餘地就更小了，因為我們公司實際上已經快占領大部分市場了。

上班的第一天是我有生以來最糟糕的一天。只有幾家客戶可以去拜訪，我逐一拜訪後就無處可去了。我感覺又疲憊又沮喪，拖著沉重的雙腿想返回辦公室。但是不知為何我卻還是高昂著頭，也正是因此注意到了我們公司隔壁

的加州水利公司。

我查閱了公司的資訊，發現我們之前並沒有連繫過這家公司。於是趕在他們下班之前我趕快衝了進去，希望可以見到他們的經理。我自我介紹說我是他們隔壁的鄰居。

「你知道嗎，史密斯，這很有趣。」他們的經理說：「我們兩家公司已經是好多年的鄰居了。但是這卻是第一次你們公司的人到這裡來。」

當然，那天我沒有推銷任何東西，因為他那裡已經堆滿了從多個生產商那裡購買來的軟管、皮帶等。但是我告訴他說如果他可以統一從我們這裡採購橡膠製品的話，我一定會給予優惠的。他贊成我的說法，結果還不到一個月我就包攬了他那裡的所有生意。

講完了這次經歷後，史密斯先生不無智慧地補充。

「這次經歷讓我受益匪淺。你不必非要到公司以外的地方去選拔人才，這個人可能就在你的員工中間。你不必非要到遠方才能覓得良友，他可能就在你的身邊。你不必非要到國外才會發現天堂，天堂其實就在你所在的美國。」

儲蓄啊，儲蓄

我本人是蘇格蘭人，儲蓄是我最津津樂道的話題了。我很喜歡辛克萊石油公司總裁帕西・史賓賽（Parsi Craig Spencer）下面的這段經歷：

1919 年退役後不久，我去了華盛頓特區，做了懷俄明州法蘭西斯・沃倫參議員的祕書，他當時任參議院撥款委員會主席。

工作的第一天，他約我在里格斯銀行見面，並要求我馬上開設一個儲蓄帳戶。我尷尬地解釋說我沒有足夠的錢來開設帳戶。

「好吧，我的孩子。」他回答道：「我借給你這筆錢。在我手下工作的人還從來沒有誰沒有儲蓄帳戶的，即使是我借給他們錢也要幫他們開設帳戶。」

從此，我一直都擁有儲蓄帳戶。

不怕鬼的諾里斯

　　多年前，有一間微不足道距芝加哥 30 英里遠的小公司。一天，該公司的一位電報員開槍自殺了。芝加哥報紙簡短地報導了這個事件。當時住在東伊利諾州胡普斯頓小鎮裡的一名 17 歲的少年讀到了這則消息。

　　內戰後不久，這個男孩的父母就移民到了伊利諾州。他們的兒子歐內斯特・艾登（Ernest Eden）剛剛讀完高中，正計畫要做一名鐵路電報員。在放學後和假期，他曾向胡普斯頓的一位電報員學習摩斯密碼以及簡單的電報知識。現在他正放假在家。

　　對於一個人口不足 5 千人的小鎮胡普斯頓來說要想找到一份電報員的工作，機會還是很渺茫的。

　　「或許我可以去接替這個人的工作。」年輕的諾里斯自言自語道。

　　帶著這個想法，他給該鐵路公司寫了封信，列舉了自己做電報員的條件，並申請了這份工作。他成功了。

　　這間小鐵路公司離他家很遠，通勤很不方便，他只好

搬到公司去住。他去了前一位電報員住的宿舍，住進了那間曾經是自殺現場的房間。

諾里斯從不怕鬼，於是他也沒遇到鬼。

這個接替了自殺者職位的年輕人命中注定在 1937 年成為南方鐵路公司的總裁。

雖然應徵的是電報員的職位，年輕的諾里斯很快使自己成了一個小幫手。他擦地板、添加煤油，幫助一位上了年紀、行動不便的代理人買票、拿牛奶、提行李。一天這個代理人告訴他說一名巡迴審計員要到這裡來定期檢查。

當審計員到達時，諾里斯極力給對方留下好印象。在寫報告前，這名審計員要諾里斯給他一張紙。諾里斯遞給了他一張嶄新的紙。

審計員把紙放在了桌子上。等他離開後，諾里斯想要把紙收好。這時，紙上的字吸引了他的注意：「諾里斯。」

是他做錯了什麼嗎？諾里斯不安地繼續讀了下去：

「……這裡有一個叫諾里斯的很能幹的年輕人。我建議你為此人安排個好位置……。」

芝加哥那個讀報告的人確實為諾里斯安排了個好位置。不久諾里斯被召到了芝加哥成為了一名火車排程員，當時他還不滿 20 歲。後來他的一個朋友到南方鐵路公司

工作，並為諾里斯在那裡安排了一個職位。1902 年，諾里斯搬到了華盛頓，成為了南方鐵路公司的特約代理人和繪圖員。35 年後，他成為這家鐵路公司的總裁。

萬幸的道格拉斯

1920 年，年輕的唐納德·韋爾斯·道格拉斯（Donald Wills Douglas Sr.）剛到加州不久，他滿腔抱負怎奈身無分文。要想實現他在加州造飛機的夢想就必須找到經濟援助。

在洛杉磯《時代報》的出版商哈利·錢德勒（Harry Chandler）和比爾·亨利（Billy Henry）的幫助下，他的事業開始蹣跚起步。正是後者把道格拉斯介紹給了錢德勒。

錢德勒是當時金融界首屈一指的人物，他召集了十個生意合夥人並建議他們每人開一張帶有他背書的一萬美元的支票。就這樣道格拉斯的事業開始啟航了。後來道格拉斯先生需要更多的資金，於是去見了當時具有傳奇色彩並頗具影響力的證券銀行主管約瑟夫·斯多利（Joseph Story）。為了給斯多利留下好的印象，道格拉斯決定蓄鬍子。他耐心地等了好幾個月才長出了滿意的鬍鬚。早期的道格拉斯穿著緊身的褲子、時尚的上衣，再加上精心打理的新鬍鬚和熨燙好的衣領，確實給人留下不錯的印象。

交涉了幾個回合後，斯多利在評估了這個年輕人及其偉大的抱負後決定貸款給他。多年後，道格拉斯才了解到當時他的那個剛剛萌芽的公司差一點就要陷入金融困境了。

「我們償還了貸款，並且營運地很順利。後來我又見到了斯多利先生。」道格拉斯回憶說：「我們聊了一會，然後他說：你知道嗎，我第一次見到你的時候差一點就要拒絕你的請求了。我心想這個傢伙什麼都不錯，但是怎麼就留了看上去很愚蠢的鬍鬚。一個主動進取的年輕人怎麼會喜歡這樣的東西。」

唐納德‧道格拉斯看來得好好審視一下自己的過去了。

「精彩的演說。」

　　我當時是紐約《美國人》報財經版編輯。一天晚上，責任編輯蘭克衝進了我的辦公室 ── 一個由男廁所改裝的房間，粗糙的牆面上到處都是白漿的斑斑痕跡。他興奮地大喊：「吉姆・法雷爾今晚要在匹茲堡做精彩的演說了。太棒了！這正是我們需要的。走，快去看看！。」

　　當時關於我們國家經濟前景的各種說法甚囂塵上，擾得人心不安。時任美國鋼鐵公司總裁的法雷爾先生的演說確實非常鼓舞人心，他引用了很多例子來說明為什麼悲觀主義是行不通的。

　　我當然去聽了這次演說。以我來看，這次演說還算不錯 ── 但是可能我個人有點偏見。

　　我記下了法雷爾先生演說的每一個詞！

誰說我笨得無法自立

　　威廉‧麥克切斯尼‧馬丁（William McChesney Martin）是一個傳奇式的人物，他不斷地變換工作，從最底層的士兵一直做到了最高的政府職位。

　　在新兵訓練中，一名中士發現他在訓練時笨手笨腳的就大罵道：「你能來參軍就對了，因為你笨得根本就不能在社會上自立。」

　　就是這名新兵馬丁主動辭去了紐約證券交易所總裁的工作，當時他的年薪是 4.8 萬美元。

　　很快這個愚蠢的新兵升為上校。

　　後來在成功地擔任了很多聯邦政府高階職位後（其中包括美國進出口銀行董事會主席、總裁以及助理財政部長），他成為美國聯邦儲備委員會的主席。

　　比爾的父親是聖路易斯聯邦儲備銀行的首位總裁並一直任職 27 年，受其影響，比爾也一直傾心於金融界。從耶魯畢業後，比爾很自然地來到了父親的公司，但是不久卻被要求離開公司自力更生。他照做了，後來成為美國最

才華橫溢的人。他還很年輕，出生於 1906 年 12 月 17 日。

多年來，他一直很困惑，在各種以前沒去過的場合總是有人對他說「我見過你。」。當他見到了我的一個兒子後他找到了答案。「現在我知道誰是另一個我了！。」他大聲說。他們兩個人確實是驚人的相似。

比爾‧傑文斯的電報威力

　　陸軍部隊命令聯合太平洋鐵路公司在 48 小時內在南部的某地區鋪設一條鐵路支線。威廉‧傑文斯（William Jevons）總裁及時地向那裡的公司負責人轉發了這條命令。負責人回覆：「陰涼處溫度達到華氏 105 度，完成這份工作至少需要四天。」

　　電報送到傑文斯手裡時，他正要上車。他馬上發出了如下內容的電報：「你想在陰涼處做什麼？」

　　工作最終如期完成了。

埃迪·里肯巴克的
驚悚一刻

里肯巴克（E. V. Rickenbacker）的職業生涯可謂險象環生，你知道他最驚悚的一刻是什麼嗎？里肯巴克是東方航空公司總裁，同時也是國會榮譽勳章得主。他無與倫比的英勇行為為他贏得了無數的讚譽。

在他的書中他記下了這個驚悚的時刻。該書主要描寫了他和七個弟兄墜機後跳入太平洋，歷經苦難在海上漂流了 21 天的經歷。

「有時候我覺得自己的壓力很大：身上的疼痛使我開始拖大家的後腿。」埃迪寫到。「我的大腿和臀部在飛機墜落時被嚴重撕裂了。」

「在執行這次太平洋任務之前，我一直在接受物理治療。如果當時有人說我可以在一塊 9 英呎 ×5 英呎大小的空間裡（我們八個人當時有兩個救生艇，這是其中的一個）和另外兩個人共同生活 21 天的話，我一定會覺得這

個人瘋了。」

「我越來越消瘦（體重減少了 40 磅），牙齒這時也開始搗亂了。牙齦出現了萎縮，動身前牙醫剛剛為我裝上的假牙開始鬆動，讓人覺得極其不舒服。口腔很乾，假牙下散發出一種難聞的、類似於腐爛的味道。」

「但是，如果把假牙在海水中每天洗上個四、五次，再用鹽水沖洗一下牙齦，我就會感覺舒服一些。我知道一旦假牙掉到海裡我可就有大麻煩了，於是每次清洗時我都是特別小心，或者說是萬分小心。」

「有一次，假牙真的就從手中滑落了，在降落了大概 6 英寸時被我一把接住。對我來說：這就是這 21 天裡最驚悚的一刻了。」

斯隆的初戀

通用汽車公司總裁阿爾弗雷德‧斯隆（Alfred Pritchard Sloan, Jr.）最初是海厄特滾珠軸承公司的總經理。故事發生在幾年前的一次軸承公司的行政人員年度宴會上。這樣的宴會在商業氛圍之外總難免要輕鬆、搞怪，開一開大家的玩笑。

負責擺放座位卡的人購買了許多當紅明星的照片，每個嘉賓的座位卡都包括一張明星照和用娟秀的字書寫的給這個嘉賓的話。

然而，斯隆座位卡上的照片卻不是什麼女明星，而是一個軸承。照片下用娟秀的字型寫道：「他的初戀，也是最愛。」

「生來如此。」的歐文・楊

這個故事是現已退休的奇異公司主管歐文・楊（Owen Young）自己親口講述的。

他曾受邀加入了包括道斯將軍和亨利・羅賓遜在內的道斯戰後賠款委員會，該委員會的主要使命是解決一戰後德國的賠償問題。不久之後，國務卿休斯急匆匆地趕到白宮向柯立芝總統彙報說：他剛剛才發現楊先生是民主黨人並詢問現在該怎麼辦？

「這件事情我知道，那又怎麼樣？」總統冷靜地回答道。

後來在和楊先生交談時我問道：「我們國家大多數的執政人士都是共和黨人，你為什麼是民主黨人？」

「這就和你是長老派教徒一樣的道理。」他微笑著答道。「我生來就是這樣──父親是民主黨人，父親的父親也是民主黨人。」

金·格雷斯的罕見經歷

「他是世界上薪水最高的行政人員，年薪從未低於過一百萬，在好的時候甚至達到二百萬或三百萬美元。」查爾斯·麥可·施瓦布（Charles Michael Schwab）自豪地對我說。在當時享受高額的薪水還沒有被看作是什麼不光彩的事情。他說的那個人是歐仁·格瑞斯，當時是鋼鐵公司的總裁。在美國的工業史上，年輕的格瑞斯的經歷可謂是很罕見的。下面就是他本人所講述的事情經過：

那次談話是我最棒的一次經歷，正是這次談話使我後來有可能為公司做了這麼多的工作。這無疑是我人生的一個轉捩點。

一天，查爾斯·希瓦柏叫我到他的辦公室，他在三年前買下了規模尚小的伯利恆公司。那時候我還不屬於管理階層，只不過是一個小小的工廠主管。

「我想聽聽你的意見。」希瓦柏先生說：「你知道現在這裡一團糟。工廠內幫派林立，互相傾軋，沒有統一性，缺乏組織。你一定知道這一點。」

我不知道他要我做什麼。

「我想讓你幫忙推薦一個人。」他繼續說：「這個人應該是我們工廠的員工，要能夠控制局面，能使一切恢復正常。你不用擔心這個人現在是什麼身分，只要他能夠勝任就可以。」

「這件事情很棘手，希瓦柏先生。」我驚訝得說不出話來：「給我 24 小時，讓我好好想一想，然後我再告訴你答案可以嗎？」

「不必了。我現在找到人了，就是你。你能做好嗎？」

「我知道這份工作要付出多少辛苦，我也知道想要做好絕非易事。」

「是的，我可以，希瓦柏先生。」我想了一會兒後回答道：「但是你要全力支持我，而且我需要一些權利。」

「好的。」希瓦柏先生說：「現在你就是這裡新的經理了，事實上是這裡的老闆了。我會全力支持你。你第一步要怎麼做？」

「我要馬上下樓，開除 X 先生。」我回答道：「X 先生是負責銷售的副總裁，同時也是希瓦柏先生的好朋友。但是這個人很無能，是我接下來一系列行動的絆腳石。」

「噢，你不是認真的，對吧？」希瓦柏先生問。

「不。」我說：「如果你真的任命我為老闆，我一定會這麼做的，因為如果只是給我一個空頭銜和一大堆責任但卻不授予我任何權利是毫無用處的。」

「好吧，我給你這個權利。」他回答道。

現在當我回首往事時，我覺得這件事情中有三點非常的了不起。首先，希瓦柏先生並不以人的地位高低來選拔人才。第二，他願意放手把責任分給其他人。最重要的是，他能夠下放權利。很多人也是肩負重任，但是卻沒有得到完全的授權去做他想做並且該做的事情。

從那天起，我完全自由地按照自己的判斷來策劃公司的未來。當然我總是向他請教，也會和同事們商討，但是每當我和希瓦柏先生的意見相左時，他總是會遵守我們最初的約定。

我最親愛、最可愛的好友希瓦柏先生只有一次跟我動怒了。那次他說：「格瑞斯是美國鋼鐵行業最了不起的人物。」當時我笑著說：「有一個人例外，遠在我之上，那就是您希瓦柏先生。」「不對。」他大喊「沒有例外！。」

槍口下的接生

我的好友兼家庭醫生約瑟夫・維泰蒂醫生家住紐澤西，一天他給我講了自己的經歷。那天已經很晚了，他接到了一個義大利人的電話要他馬上趕到義大利人的家，因為他的妻子就要分娩了。

醫生急忙趕了過去。

但是他發現在十到十五小時之內是不會有什麼事情發生的。於是他交代了一下必要的事情，收拾好東西，告訴他們說過一段時間他再回來。

「不，不行！你要留下一直到我的孩子出生！。」那位準父親咆哮著，同時把一把槍放在了他面前的桌子上。

維泰蒂醫生不想因此送命，只好滿心不情願地留了下來。孩子最後平安降生。

但是維泰蒂醫生從此決定再也不做接生的事情了。

移山填海

「一個上了年紀，一生經歷跌宕起伏的人，很難確定他的哪件事是很特別的。然而，我認為下面這個故事是我職業生涯中最愉快的回憶了。」這位不知疲倦、目光高遠的菲爾普斯道奇公司的主席路易・凱茨說。

1904 年，我在位於猶他州的波士頓聯合礦業公司工作。這家公司靠近猶他銅礦公司，並且擁有豐富的斑岩礦。傑克林負責猶他銅礦公司，山姆紐豪斯和拉斐特・漢切特領導著波士頓聯合礦業公司。我當時作為採礦負責人負責開採斑岩礦。

1909 年我成為波士頓聯合礦業公司的經理；兩家公司合併後我加入到傑克林團隊，成為採礦工程師，負責開採猶他州、內華達州等地的礦藏。

1920 年我返回到猶他州。我們開始提高猶他州各礦的生產能力，在 20 年代初的一天，我興奮不已，因為我們挖到了 10 萬噸的礦石。

這是傑克林對銅礦行業所做出的重大貢獻。我敢說如

果不是因為採用了傑克林的大規模生產理論，世界上所生產的 75% 的銅都將是低品質的。

　　他們還運走了 10 萬噸的表層土，這就相當於一天共產生了 20 萬噸的礦石和表層土。

不怕麻煩的蒂格奧

　　美孚石油公司高級行政長官瓦爾特・蒂格奧總是不厭其煩地到那些不滿意的客戶家裡拜訪，並教他們如何清理油燈，添加煤油以及剪燈芯等。

　　在公司的海外市場開發中，他也立下了汗馬功勞。

　　有一次，當蒂格奧正在總部百老匯 26 號參觀時，公司收到了很多歐洲客戶的投訴，抱怨說公司提供的燈油品質很糟糕。

　　蒂格奧趕快登上第一艘客船出發了，剛一到達目的地就馬上展開調查，追蹤到了有問題的兩批貨物，然後將不合格的燈油全部召回，將其處理給倫敦的一家煤氣公司。

　　「我們似乎已經把所有問題的根源都找到了。」蒂格奧告訴我說：「但是在沒有這些問題煤油的地區還是不斷有客戶來投訴。情況變得很嚴重。」

　　有些地區的燈油全部都是上等的，但是我們在那裡的員工還是收到了大量投訴，到處都是關於公司燈油的不利謠言，公司的形象極大地受損。於是，我帶上一名化驗員

趕往荷蘭，了解投訴的情況後開始著手處理這件對我們來說十分詭異的事情。

我們最先到了一座如宮殿般宏偉的大房子。我們被要求只能走僕人的通道。在隨行翻譯的幫助下我們費了一番口舌才被領入一間我有生以來見過的最富麗堂皇的房間。房間裡擺放著四盞精美絕倫的油燈。根據投訴，這些燈會散發出一種難聞的氣味。

經過檢查我們發現在燈的四周有一個盛滿燈油的凹槽，當燈被點燃時這裡的油也將沸騰。我們蹩腳的翻譯怎麼也無法跟這裡的男管家和周圍的僕人們說清楚問題的根源。我有些不耐煩了，於是詢問是否有人能聽懂英文。

門口傳來了一位女士說英語的聲音。我向她解釋了整件事情並且告訴她說問題主要是那個為煤油燈添油的人操作不當所致。

「你為什麼這麼說？」她問道。

我開始動手清理煤油燈，添燈油，修剪燈芯，然後提議將煤油燈拿到一個較小的房間，點亮燈並將其放置七到八個小時。如果沒有任何氣味的話那就說明錯誤完全在僕人的操作上而不在於我們的煤油。她接受了我的提議。

當我下午返回時，僕人們對我們客氣多了。等到那位接受我建議的女士穿著華麗的衣服露面時我才意識到原來

她就是這家的女主人。她承認我說得對。她邀請我到客廳，囑咐管家準備茶水，然後說：「你是個美國人。我想知道為什麼你會來教我的僕人們做一些打理煤油燈的事情。你怎麼會知道我的投訴？」

我告訴她我在歐洲各地到處做這樣的事情就是為了證明我們公司的油是最好的，她感慨地說：「現在我明白了為什麼美國人在商業上能夠如此的成功。」她的確是一位高貴的人並且成為我們最忠實的客戶。

洛克斐勒的捐贈

約翰·洛克斐勒（John Davison Rockefeller）非常熱衷於慈善，在很長一段時間裡他一直在幫助塔斯克基學院。一次洛克斐勒到這所為有色人種開立的學校參觀，正在上商業技巧課的學生為他表演朗誦並在黑板上做演示。

班裡的一名最聰明的學生被要求到黑板上書寫格式正確的銀行本票。這個黑人小男孩站起身，用工整的史賓賽手寫體寫下：

我同意支付給塔斯克基學院總計一萬美元。

（簽字）約翰·D·洛克斐勒

據說：這位百萬富翁非常開心，馬上開出了一張同樣的支票。

白費口舌

現任美國無線電公司主管的大衛‧沙諾夫（David Sarnoff）最初是一艘輪船上的無線電話務員，那時候人們並不認為無線電會成為像今天這樣的一個偉大的行業。

很多年前，他向一大群編輯預言了無線電視的輝煌前景。在早期的一次科技展覽中，他還描繪說未來在電子技術的推動下，這種視聽影像一定會像人的思想一樣快速地傳播。他解釋說：不久之後，憑藉一臺小小的裝置，數百萬人就能夠一同見證未來的某位林德伯格駕駛飛機起飛，並隨他的飛機一同周遊世界。

沙諾夫很喜歡講述自己當年的一件經歷。當時一位老夫人來到了他正在值班的輪船上的無線電室。她想了解一些關於薩爾諾夫正在操縱的馬可尼無線電報機的情況。他讓她看了用來收發電報的紙帶，解釋了電報機的工作原理，突然一陣喧鬧的電報聲打斷了他的講話。在接收完來自塞布林角地區的電報後他繼續向這位興趣盎然的聽眾講解剛才接收的電報電碼是怎麼一回事。

　　老夫人離開時愉快地說：「我完全聽懂了你講述的一切，但是我還是沒弄懂到底為什麼那條紙帶從 190 英里以外的塞布林角傳到了這裡卻沒有弄溼。」

保羅·霍夫曼的意外大獎

經濟合作局主管保羅·霍夫曼（Paul Hoffman）非常擅長銷售。他在銷售上有過無數的佳績。正是在汽車銷售上的出色表現使他獲得了斯圖貝克公司的總裁職位。

四十年前，他獲得了他的第一個傑出銷售獎。保羅這樣對我說：

1912 年，我在斯圖貝克公司贊助的全國銷售大賽中獲得了頭獎。斯圖貝克公司的人非常會省錢，他們提供的大獎包括 100 美元現金和一次與斯圖貝克面對面交談的機會。斯圖貝克先生當時已經是一名 70 多歲的老人了。我至今仍清楚地記著那次見面的場景，而且那確實算得上是一份大獎。

我到達斯圖貝克的辦公室時，他正坐在一張老式的帶活動蓋板的辦公桌前，將早上收到的郵件的信封一張張地裁剪開。他抬頭看了我一眼說：「抱歉，請稍等一下，我得把這件事先做完。樓下的那些人總是去買什麼便條本，我可不想把錢浪費在那樣的東西上。」

　　他簡單地了解了一下我的來意，在向我表示祝賀後說：「年輕人，我們這是一個大的公司，我認為我們公司成功的關鍵在於我們始終堅持一條原則，那就是我們給顧客東西要遠遠多於我們答應給他們的。所以我們才能留得住顧客，我們的顧客才會越來越多。」

　　停斷了一下後，他又微笑著說：「當然也不能給他們太多，要不然我們就活不成了。」

90 天和 10 年

「我一生中最有趣、最不可思議的一段經歷是我在英國居住並工作了十年。」古德里奇公司儒雅的總裁約翰‧科利爾（John L. Collier）回憶道。

1929 年我去了英國最大的橡膠公司工作，該公司的業務涵蓋了全世界。當時我只是打算在英國工作三個月。

就是這 90 天後來變成了 10 年。

因工作需要我去過世界上很多地方，包括德國、法國、日本、中國、馬來半島以及荷屬東印度群島。

我最初是公司負責世界各地業務的生產總監，後來又成為總公司的總經理。在英國的公司名單中，我是唯一一位外籍人士。

我開始逐漸認識和了解英國人，並開始對這個民族所擁有傑出品格、沉穩的做風以及在諸多領域所表現出來的非凡才能感到由衷地欽佩。

在我來看，英國在最近幾年的經濟表現正是源於兩次世界大戰對英國的累積性影響，當然影響因素還包括減少

了英國產品在國際市場的市場占有率，並降低了英國工業生產能力的工業及國內政策和做法。

在德國和日本我見到了這些國家為二戰所做的大規模的籌備工作，包括對合成橡膠的開發、生產以及在輪胎和其他一些重要方面的應用上。

1939年我回到了美國，成為了古德里奇公司總裁。我欣喜地獲知這些年來這家公司一直都在積極地從事著人工橡膠的研發工作。我們在這個領域已經遠遠地超過了德國，這一點對於我們國家、我們的戰爭以及珍珠港襲擊事件後的同盟國和二戰後的恢復都具有十分重大的意義。

離開美國的這十年是我這一生中獲取資訊最多的十年。我開始了解國際事務也更加欣賞我的國家，欣賞她巨大的發展潛力，更充分地了解到如果我們想留住這珍貴的自由，如果我們想繼續享有人類歷史上前所未有的高標準的生活，我們的國家就必須在國際事務中扮演更加積極和重要的角色。

陰錯陽差

　　瓦爾特·吉福德（Walter Gifford）因為一次錯誤而成為美國電話電報公司偉大的總裁。如出一轍的是，一個初出茅廬的大學畢業生，寫了兩份申請信——一封給奇異公司，另一封給美國西部聯盟電報公司，但是卻裝錯了信封。就這樣這個名叫瓦爾特·馬歇爾（Walter Peter Marshall）的年輕人後來成為西部聯盟電報公司的總裁。他把自己的成功歸功於那次陰錯陽差的求職。

　　「機遇、運氣、僥倖，你怎麼稱呼都可以，但是它們確實在很多人的一生中發揮了很關鍵的作用。」馬歇爾先生說。他就是因為一次錯誤而很幸運地進入了通訊行業。

　　我剛剛從大學畢業，主修的是會計，想在一家生產企業找一份記帳的工作。我在報紙上看到了全美電纜公司的應徵廣告。我以為他們就是生產電線和電纜的企業於是就提交了申請，並找到了一份助理會計的工作。進入到公司後我才發現他們根本就不生產電纜，他們是做海底電報的。

　　我沒有像愛迪生那樣從電報員做起或者像卡內基那樣從信差做起。這份工作對於我來說完全陌生。但是很快我發現通訊行業實在是有趣極了。我決心把這一行學好。這大概是 1921 年的事情了，不過我現在也在不斷地學習。我能進入這個行業是一個美麗的誤會。但是我從不後悔。

　　馬歇爾先生在 1948 年成為西部聯盟電報公司的總裁，當時年僅 47 歲，是該公司 100 年來最年輕的總裁之一。這一點是絕沒弄錯的。

可信賴的日本人

　　一位優秀的美國公司主管早年的一次經歷使他給予了日本人絕對的信任，這個人就是約翰·比格斯（John David Biggs），正是他使得福特汽車公司成為了該行業的世界領跑者。他本人寫到：

　　這是我早年的一次不尋常的經歷，它加深了我對人們的信任。這件事情折射出了日本人的正直可信，雖然他們的職業操守有時候總是會被美國人毫無根據地質疑。

　　當時正值酷暑。我那時剛剛二十幾歲，任歐文斯製瓶公司的助理財務總監。我的一位上級和我正在托萊多和一群日本商人商討向日本出售歐文斯製瓶機器的專利事宜，時限是三年。

　　經過八天的商討，日本人仍然堅持要我們保證機器的生產。因為在其他地區沒有遇到過此類事情，所以我的上級拒絕了他們的要求，中止了談判，並去了他的避暑山莊度假。

　　我詢問我是否需要跟進。他說：「好吧，專利期這麼短，我們也無所謂虧或賺的。」

　　我沒有斷然拒絕日本人所要求的保證，而是要求他們做出讓步直至他們接受了一個很容易達成的數字。然後我堅持說為了公平起見如果生產的數量超過了最大值的話就要支付給我們一筆額外的費用。這一點他們也同意了。

　　在美國主管的指導下，他們建起了工廠開始投入生產。在測試期間恰逢煤炭工人大罷工，生產因此受到了影響。生產的數量超過了約定好的最小值但是卻沒有超過最大值。

　　由於這些無法預見的因素，我給這些日本人打了電話，詢問他們是否同意延長測試期。他們同意了，但是我們主管的妻子卻再也不想待在日本了。我建議日本人在沒有我們的監督和協助的情況下自己完成接下來的測試，並將測試的結果報告給我們。

　　我的一位閱歷頗深的同事認為，我指望日本人在這樣的狀況下得出對我們有利的結果真是太異想天開了。但是日本人證明了自己是配得上我對他們的這份信任的。他們很好地利用我們的機器，生產的產品數量超過了約定好的最大值，按照測試報告他們要在規定的價特別再額外支付給我們 13,750 美元。

遜色的老闆

如果美國的工業大亨們都能夠像查理·希瓦柏（Charlie Schwab）那樣的話，這二十多年來美國的工商業就不會受到如此多的政治攻擊和誤解。

他一開始是收入一美元一天的鋼鐵廠工人，後來成為高層管理者後仍然很熱衷於同他手下的最初時幾百人，後來發展到幾千人的團隊打成一片。手下也視他為自己人。他們愛他而不怕他。他本人喜歡講述的一件事最能說明這一點：

一天早上他到了一個軋鋼廠，遇到了一名體格健碩、光著上身的工人，他上前熱情地招呼道：「約翰，你看起來真像是畫中人啊。」

「你今早看起來身材可沒有那麼熱辣哦，查理。」對方爽朗地答道。

一天的間諜

　　1901 年布林戰爭期間，我到了遙遠的南非。因為在當地舉目無親，我發現想找到一份報社的工作很不容易。終於，開普敦一家日報的一位慈祥的老編輯同意見我。

　　我剛開始在報社工作時打字機還沒有被廣泛使用，這位編輯建議我馬上去學習打字，如果可能的話，我可以找一份速記員的工作。我以前學習過速記，而且在早些時候我還教授過一段皮特曼速記法。

　　他還安排我去見了英國情報局的一位官員。由於當時我心情沮喪至極，竟然被說服答應做他們的間諜。我被派到了內陸地區，任務是陷害一位非常有影響力的布林人 —— 約翰·梅里曼（John X. Merriman），使其說出一些對英國不忠的話。

　　在指定的火車站下車後，我打聽到了這個人的住所並了解到他家大概距離火車站一個半小時的路程。

　　結果走了一個半小時後，連他家的影子都沒見到。後

來我才了解到所謂的一個半小時指的是騎馬所需時間，而不是步行的時間。

同時，天空好似裂開了，大雨傾盆而下，我全身都溼透了。等我終於到達梅里曼的家時我已經是滿身汙泥、疲倦不堪。梅里曼不在家，幸好梅里曼夫人好心地邀請我進到屋內，並生起了火，讓我脫掉了外衣坐在火爐邊將衣服烤乾。她像媽媽一樣，還為我沒能見到她丈夫而道歉。

碰巧的是，在一堆報紙中，我看到了一份倫敦的《早安，領導人》，這是一份親布林的報紙，就是這家報社的編輯熱心地推薦了我。我告訴梅里曼夫人我就是這家報社派來的。

享受著梅里曼夫人的盛情款待，我覺得在我的一生中，從未像此刻這般見不得人。

第二天我向情報部門做了彙報，並提交了我的辭呈。

態度的 180 度大轉彎

一些非凡的事件常常成為不朽時刻。美國塞拉尼斯公司主席卡米爾‧德雷福斯（Camille Dreyfus）對我講述的這件事情就是一個例子：

1918 年美國政府要我盡快從歐洲到美國來成立一家醋酸纖維素工廠。

我們決定將工廠建在馬里蘭的坎伯蘭郡，並和商會達成了協定。合約簽好字、密封後送了出去。

但是不久我們被告知說坎伯蘭郡要召開公眾大會來討論這件事情。

大會根本沒有我想像的正式，坎伯蘭郡的人要求做一些改變，我一開始同意了，後來他們的要求越來越多。

我的弟弟要求我馬上返回倫敦，美國政府要求盡快建好工廠。在多方壓力下我知道如果再對合約做任何進一步的修改都將會影響到我們下一步的行動。於是我決定放棄這件事情。

我回到旅店，準備乘坐凌晨 2 點的火車離開，突然街上響起了巨大的聲音。原來是坎伯蘭郡的人全都來了。他們幾乎是把我拖回了會場然後告訴我說經過考慮，他們決定原有的條款不做任何改動。

　　如果不是因為那樣，在坎伯蘭郡或者在美國就可能根本不會有一個這樣的工廠。

恪盡職守的凱勒

　　凱勒（K. T. Keller）在戰爭期間為美國創下諸多奇蹟，是克萊斯勒公司足智多謀的總裁。早在 1912 年，他受自己的僱主通用汽車公司的委任在該公司的各個生產工廠進行巡迴檢查，並找出各個工廠都適用的最佳的生產方法。

　　事情進展得並不順利。有一次，他的老闆派他去諾思威汽車公司幫忙調查出那裡的發動機生產出現的問題。

　　一開始，一種高溫引起的氣味使他高度懷疑問題出在變速器不足上。於是他帶上這個結論找到了工具設計部門。

　　那個上了年紀的經理不信任地看著他，並厲聲趕他出去，經理不允許任何外人干涉他的部門。凱勒解釋說他是總部派到這裡的。經理給總部打電話，凱勒被要求接電話，對方告訴他說既然經理不同意，他最好還是馬上停手。

「你不讓我繼續查詢下去我是不會離開的。」凱勒斷然答道：「我很快就會找到問題的根源。」

　　凱勒轉身面向經理，提高音量說：「如果我是你，我會很高興找出問題並把問題解決掉。」

　　三天後，這位諾思威汽車公司心懷排斥的經理懇請凱勒做他的助理。凱勒欣然接受了，當然薪水也漲了一大截。

引發了一場革命的貸款

有一則關於銀行貸款員的笑話：

貸款申請人似乎從這位貸款員的眼中看到了一絲同情的目光。後來他才知道，原來那是一隻玻璃假眼！貸款被無情地拒絕了。現在我要講的這個故事好像與這個笑話正好相反。

匹茲堡國家鋼鐵公司的資深管理者歐尼斯特·威爾（Ernest Tina Will）對自己的這次經歷仍感到很自豪，正是這次經歷使得鋼鐵生產行業發生了大變革。下面是他本人的講述：

1925 年，我們決定在威爾頓鋼鐵公司建起一個帶軋鋼機的工廠。像這種連續軋製工藝在當時還是個新鮮事物。有人預測說如果這種工藝可以成功地運用到寬頻軋鋼材料上的話，那將省去大量費錢且耗時的人工勞動，同時產品的品質也會得到提升。

但是一切還沒有得到驗證。

換句話說：這種生產尚處於試驗階段，並且需要大量的投資。

為了籌集建工廠的費用，我們需要貸款七百萬美元。這筆數目不是一家銀行能夠承擔的，於是我們決定向紐約的兩家銀行分別貸款三百五十萬美元。

第一家銀行的總裁認真地聽了我們的申請，然後問道：「歐尼斯特，你想借多少錢？」

我告訴他要從他這裡借三百五十萬美元，其他的錢需要向另一家銀行申請。他同意貸款給我們。我動身要離開時，他說：「去另一家銀行看看吧，歐尼斯特，如果他們不借錢給你，你就回來，我們會借給你全部的錢。我們打過交道，我相信你一定會在規定期限內還清貸款的。」

全部的貸款看來有了著落，我又來到了第二家銀行。他們的董事長不在，於是我和那裡的副總裁談了一會兒。他說他不會推薦銀行借給我們錢的。但是他也補充說這並不是最終的決定，要我過幾天等總裁回來後再過來跟總裁談。

幾天後我又去了。副總裁公正客觀地介紹了我的情況，說明了自己的看法，並認為銀行應該拒絕我的請求。

那位總裁轉身問我：「歐尼斯特，你認為銀行會貸款給你嗎？」

我說：「是的，否則我也不會到這裡來。」

「我們真是不謀而合。」他說：「我們會貸款給你的。」

我到現在一直認為這件事是我一生中最不尋常的一次經歷。這兩家大銀行的主管不了解鋼鐵行業，但是他們相信我們是專業的，而且願意相信我們的判斷。他們因此幫助引發了一場鋼鐵行業和許多其他行業的大變革。

會多門語言的艾爾·拉斯科

廣告人艾爾·拉斯科（Ayr D. Lascaux）思維敏捷，善於言談。

他有一位學究型的同事，此人非常勤勉好學。

一天，他們兩個人乘了很長時間的計程車去參加一個會議。下車時，拉斯科先生突然說：「你欠我三美元。」

「我欠你三美元？為什麼？」他的同事不解地問。

拉斯科先生先讓他想了一會兒，然後告訴他說：「你不是曾經在辦公室裡跟大家說你寧願聽我講話也不會花三美元看一場演出嗎？剛剛我不是一直在講話嗎？」

還有一次，拉斯科先生去拜訪這個同事，盛氣凌人地問：「你會多少種語言啊？」

六種。

這不夠。讓你用二十種語言寫出謝謝大概要多長時間？

三十分鐘。

時間太長了。不過馬上開始吧。

這位學究型的同事做到了。

有一位著名的加州的銀行家總是喜歡跟朋友們惡作劇。這位銀行家給拉斯科發了一封關於股市的「實用小撇步。」的電報，當然電報是由收件人付費的。

拉斯加回給對方一封感謝電報，電報中有用二十種語言寫成的「謝謝。」，當然，這也是一封收件人付費的電報。

永不絕望！

　　《聖經》說：一個人如果有足夠的信念，那麼他能將高山移走。對於制服狂暴的、橫衝直撞的、破壞力巨大的科羅拉多河的那個人來說：他需要的不僅是非凡的信念，還要有快速運來成堆岩石的能力。正是這個人挽救了今天美國最富饒的一片峽谷，這曾是無數人眼中根本不能完成的任務。這個人在早年曾因為肺結核被宣布了死刑，然而他從不向困難妥協。

　　曾經帶領南太平洋公司創造佳績的現任總裁阿曼・梅西埃講述了這個振奮人心的故事：

　　你邀請我寫下我最不尋常，最激動人心的一次經歷，這讓我想起了自己剛剛加入鐵路行業時的一件事情，這件事情至今仍記憶猶新。那是一個了不起的工程，由一個了不起的人來領導，在今天這個故事仍然很勵志，並一直激勵著我。

　　我剛剛到南太平洋公司工作不久，公司要去馴服造成巨大破壞的，在 1905 年至 1907 年間洪水不斷的科羅拉多

河。當時的總指揮是倫道夫上校，他幾年前就來到了西南部地區，並差一點因為肺結核丟了性命，但是他最終戰勝了疾病。

可能那次勝利給了他勇氣，他認為馴服這條河並不是不可能的。他的第一次嘗試失敗了。當時我是他的團隊中的一名年輕的工程師，他不向失敗低頭的作風給我很大的啟迪。

加州的這條科羅拉多河的兩岸不斷塌陷。當洪水衝破堤岸，巨大的破壞性的洪流就會湧入帝王谷，時間越久，河岸被豁開的開口就越大。我們這群人不斷地以最快的速度將石塊拖運來並填充在豁口處。我們要讓傾倒石塊的速度超過石塊被河水沖走的速度，就這樣我們修好了一條堤壩，保住了山谷，使其成為今天美國最富饒的山谷之一。

從倫道夫身上我學到了很多，我知道對於一個英勇無畏、不屈不撓的人來說：每一次的不可能都是一次向更高成就衝刺的挑戰。

大贏家洛克斐勒

在約翰・洛克斐勒（John Davison Rockefeller）後期的商務生活中，沒有什麼能像下面他親口講述的這件事情更令他得意了：

當時我還年輕，剛剛進入商界，從一家當地的銀行借了一大筆錢。有一天我在街上見到了這家銀行的董事長，他抓住了我的衣領，告訴我說他很擔憂並要求我減少貸款的數目。他還說一些董事也很擔心。我問他這些董事們什麼時候會一起開會，他告訴了我。我說：我會去找他們談的。我確實這麼做了。

我從未見過洛克斐勒先生這樣開心地笑，他說：「我離開時獲得了更高的信用額，更大的一筆貸款！。」

絕妙的想法

　　詹姆斯·林肯（James Finney Lincoln）在高中和大學期間曾經是一名運動員，足球、棒球、田徑賽樣樣在行。他和無數運動員一樣在賽場上揮灑汗水，不計任何金錢方面的回報。

　　機緣巧合，1914 年 1 月 1 日，他被任命去管理克里夫蘭地區的林肯電氣公司。他總是帶著疑問，想弄清楚為什麼這些工人不能像那些運動員一樣熱情四射。在這之前，他一直都是業務員，只有一點點的工廠工作經驗，所以對於生產或者工人們的想法知之甚少。他憑藉一腔熱血，認為很有可能讓這些工人們在沒有經濟刺激的情況下也可以像運動員那樣充滿激情。他認為對於工人來說：個人的產量要比運動員的成績更重要，因為人們的生活水準，國家的經濟地位以及未來的工作都在相當程度上取決於我們的生產能力。

　　天啊，要是當時能察覺到其實工人們不但沒有絲毫的工作熱情，而且根本不希望增加產量，相反倒是希望產量

能降低一點的話，他一定不會堅持自己的初衷的。

　　就這樣一個在工業史上具有重大意義的想法誕生了，它在林肯電氣公司結下了纍纍碩果，從此以後被廣泛應用。林肯總裁是這樣向我描述的：

　　「我們最先創立了獎勵制度，這與我在運動生涯中的經歷很相似。我們不斷地增加薪資、降低價格、擴大生產並提高利潤。我們也同時提高了工人的幸福感，因為他們認為自己是在做一件很了不起的事情。」

　　如果模仿是恭維的最高表現形式，那麼林肯真的要受寵若驚了。

里德女士的成功之道

　　在一次銷售管理人員俱樂部的午宴上，紐約《國際先驅論壇報》總裁奧格登‧里德女士與我和其他人一起坐在臺上。我想起了很多年前瓦爾特‧克萊斯勒（Walter Percy Chrysler）曾經對我講過的一件事情。一次他接到了里德女士的電話，說想要拜訪他，他心裡很是得意，並回答說他很高興到里德女士那裡去拜訪她。但是她堅決地回絕了「不，我還是到您那裡去拜訪您吧！。」

　　瓦爾特說：「後來我才了解到她的意圖。她是以推銷人員身分上門的，跟我大談特談了為什麼我們應該在她的《國際先驅論壇報》刊登廣告。」他接著說：「她可真是個能幹的女人。」

　　她拿到了克萊斯勒的廣告！

瑞吉歐的升遷

文森特·瑞吉歐（Vincent Reggio）六歲時隨義大利父母來到美國，很早就開始工作，做過各式各樣的工作。後來他做理髮師的哥哥把他帶到了理髮行業。文森特在學會理髮後想開一家自己的店。

但是後來他又改行為巴特勒公司做銷售，這是一家生產並銷售波邁香菸的公司。他很快得到了提升。

後來該公司被美國菸草公司接管。美國菸草公司的主管喬治·希爾很賞識他，將他派到了水牛城地區。該地區是公認的難攻克的市場，主要的店鋪根本就不銷售或擺放香菸。

一連兩個星期他未向公司做任何彙報，也不理會希爾每次電話裡焦急的詢問。後來，引用希爾的原話，他走進我的辦公室，灰頭土臉、面容憔悴、疲憊不堪。……三個月內，波邁香菸成為了水牛城地區最暢銷的高階香菸。

大概 40 年後，瑞吉歐繼希爾之後成為了美國菸草公司的總裁。

　　我可以證明文森特在成為美國菸草公司總裁之前是如何勤勉工作的。幾年前我和他以及他的妻子一起在一家夏日酒店度假，他很難得休一次假的。在這期間，他每天都給他的辦公室打上好幾通電話。

不遜色的馬倫多爾

　　威廉・柯林頓・馬倫多爾（William Clinton Malen-door）是家中的第十三個孩子。他家境貧寒，早年歷盡艱辛，但是他戰勝了所有的困難，在 53 歲時成為了南加州愛迪生公司的總裁。

　　他感嘆說今天的美國已經沒有了自由的機會。他本人極具勇氣與毅力，並取得了非凡的成績。

　　他的話充滿了哲理：

　　「其實我一生中最不尋常的事情在發生時並沒有什麼特別，但是現在回想起來確實很不尋常，而且在今天看來是一件完全沒有可能成功的事情。我認為之所以成功是因為我出生在一個自由的國度 —— 美國。」

　　「1892，我在堪薩斯農場出生，當時正值九十年代經濟大蕭條時期。那時的經濟十分不景氣，父親抵押掉了農場和大部分的牲畜，並且喪失了贖回權。父親和母親一生勞苦，在今天看來那些都是異常艱苦的歲月。」

　　「我是十三個孩子中最小的那個，其中有六個孩子先

後夭折。我六歲時母親死於中風，留下了同樣飽受病痛折磨的父親和四個年齡從六歲到十五歲不等的四個男孩。」

「這件不尋常的事情 —— 或者叫不尋常的經歷 —— 的不尋常之處在於當時我和我的哥哥們雖然家徒四壁但卻絲毫不懼怕我們的未來，而且我們認為出生在這個自由的美國，我們是不會遇到什麼難以踰越的障礙的。我們沒有去孤兒院或者申請社群或國家的援助。我們過起了自力更生、自給自足的日子。而且在當時看來，我們算得上是很成功了。」

因此，我一生中不尋常的事情就是機遇，就是由美國提供給我的這種樸實無華、簡簡單單的機遇。

少年時我有機會在農場幫助鄰居們勞動，每天賺五十美分；十幾歲時我成了中學裡一名職員，每天早晨和傍晚在辦公室裡做速記員，晚間在電話公司做電話接線員。

後來，在中學和大學期間我又有機會在亞利桑那州的一處煤礦小鎮上工作；在密西根大學上學期間，我找到了一份兼職，後來就一直從事我現在的這份工作。

因此，我的一生充滿了種種不尋常的經歷，這種不尋常來源於當時充滿機遇的社會，而並不是政府管理下的經濟、政府的援助或者政府的各種補貼造就的。

今天世界上最大的悲劇之一就是我那個年代所碰到的

機遇如今已經很少見，或者說根本就不存在了，其根源就在於政府施加的種種限制以及個人自由的喪失，這些以前都是機遇的保證，現在卻都沒有了。

我們寧願相信這些都只是暫時的現象。

他明天就可以得到五百萬美元

時值 1929 年經濟大蕭條，華爾街上流言四起，到處都是關於瓦爾特·克萊斯勒（Walter Percy Chrysler）及其公司要破產以及底特律的店主們開始拒絕兌現克萊斯勒公司支票的流言蜚語。

我匆忙地趕到底特律，直接去了克萊斯勒的工廠。在表明身分後，我要求馬上見到克萊斯勒先生，有要事相商。對方告知說克萊斯勒就在工廠裡，要我自己去找他。尋找了一會兒後，有人把我帶到了一個地方，告訴我說克萊斯勒就在那裡。我走上前去，卻並沒有發現他。仔細一看，地板上有一個穿襯衫的人正在修理汽車。

此人正是克萊斯勒。

全身汙漬、衣冠不整。

我講了外面的一些危言聳聽的流言，他聽後平靜地予以否定，並把我帶到了財務總監哈奇森的辦公室，讓他給

我展示一下真實的帳目。

第二天，在和通用汽車公司的查爾斯‧莫特（Charles S. Moffett）交談時，我提到了這件事情。

當然我確信他根本不需要，但是如果瓦爾特真的需要五百萬的話，我將很高興地讓他明天就可以得到五百萬，莫特先生堅定地表示。

我很欣慰，後來將這些話轉給了瓦爾特‧克萊斯勒。

他沒有破產，相反他賺了個盆滿缽滿。

凱特的非凡智慧

　　查爾斯·凱特（Charles Franklin Kettering）堅信只要將問題本身看清楚就一定會找到解決辦法。很多年前，他靈光一現：如果汽車發動機有一個使用蓄電池的自動啟動器的話，事情就會簡單多了。他對此深信不疑，但是當時的一些工程師們卻對此表示懷疑。今天，我們只要按一下按鈕，汽車就可以啟動了。點火裝置可以很輕鬆地安裝到汽車上。

　　當時這件事情卻遇到了不小的阻力。但是在 1910 年末時，自動啟動器的設計還是完成了。

　　啟動器是應時任凱迪拉克公司總裁的亨利·利蘭（Henry Martyn Leland）要求所設計的。當自動啟動器完成測試後，利蘭先生和其子威爾·弗雷德一同到代頓來視察啟動器的實際效果。凱特先生去火車站接他們，開車帶他們在代頓市裡行駛，期間他一次又一次地停車然後重新啟動火車輛。這次展示給父子倆留下了很深刻的印象。他們馬上簽署了合約，然後凱特開車送利蘭父子倆乘晚上的

火車回去了。

　等凱特和他的朋友們重新上車時，他們發現自動啟動器失靈了！問題很快被找到並且得到了解決。自動啟動器開始真正地投入到市場。1911 年 2 月 17 日，第一批電子啟動器被運到了凱迪拉克公司，當時的凱迪拉克公司已經是通用汽車公司的一家子公司了。

　1951 年 6 月 27 日通用汽車公司研究實驗室信件節選。親愛的富比士，對於發明者來說：沒有什麼事情是不尋常的。凱特。

詹姆斯·希爾何以如此熱情？

　　加拿大出生的詹姆斯·希爾（James J. Hill）是世界上最偉大的鐵路公司管理者之一，他擁有「西北地區帝國締造者。」的稱號，同時他本人也是蘇格蘭文化的狂熱崇拜者。

　　當年，我還是一名稚嫩的《紐約商務報》的財經版編輯，而他正處於事業的輝煌期。初生之犢不畏虎的我決定去採訪他。

　　他的祕書告訴我說希爾先生很忙，沒時間見我。

　　希爾先生當時主要的競爭對象是愛德華·哈里曼（Edward Henry Harriman）。我對他的祕書說我準備寫一系列將希爾先生和哈里曼先生的成就進行比較的文章，而且我已經獲得了哈里曼先生的詳細的資料，現在為了公平起見我要獲得關於希爾先生的資料。祕書很不情願地把這些話轉達給了希爾先生。

我馬上就被帶到了辦公室。希爾先生正在那裡，他留著濃密的蘇格蘭高地特有的鬍鬚，一見面就說：

「年輕人，我要讓你知道不是只有哈爾曼一個人在做大事。」

我微笑著行禮，表示贊同。

希爾先生仔細地看著我，臉上現出了懷疑的表情，他在想是否有必要和我這麼個乳臭未乾的小傢伙繼續探討這個問題。突然，他問道：

「你是蘇格蘭人？」

「是的，希爾先生。」

「你讀過《約翰尼‧吉布》嗎？」

我脫口而出這篇著名的蘇格蘭作品的第一句話。

「快請坐！快請坐！。」

希爾先生花了很多的時間給我講了許多關於他的鐵路公司建設和管理的情況，聽得我頭都暈了。

我起身要離開時，他握著我的手說：「你隨時都可以來見我。我很樂於幫助年輕人。」

我很清楚，正是因為我對《約翰尼‧吉布》作品的熟悉才使得他對我如此地熱情。

善有善報

在紐約開往底特律的列車上，一位乘客聽到車掌正在要求一位女士和她的孩子下車，因為她沒有車票。這位女士解釋說是她的丈夫在車站忘了把車票交給她。這位仁慈的乘客於心不忍，主動要求為女士買票，但是要求不許透漏他的身分。

車掌後來收到了那位丈夫的電報，證實了這位女士所說的話，因此，女士沒有必要補票了。

這位年輕的母親萬分感激，一定要車掌告訴這位好心人的姓名和地址，這樣她就可以寫信感謝他了。

公司總裁丹尼爾·艾汀斯（Daniel S. Ardyns）正在在底特律車站等著接他的女兒，也就是那位帶孩子的女士。他突然發現了雪佛蘭公司的銷售總經理比爾·胡勒，而後者正好就是那位在火車上出手相救的乘客。兩個汽車業的同行其實一直都是很要好的朋友。

更巧的是，艾汀斯曾經為比爾謀得了一份很好的差事，後來比爾又為艾汀斯介紹了一份好工作。兩個人同時都取得了令世界矚目的成就。

平易近人的強尼

　　阿馬德奧‧強尼（Amadeo P. Johnny）是美國銀行史上擁有最多銀行運作資本和存款的人，他總是很平易近人。他有一間寬敞、開放的辦公室，他的祕書主要負責處理一些文案和信件，而他本人堅持要自己接聽電話和接見來訪者。

　　「祕書什麼也不會告訴你的。」有一次他這樣對紐約《世界報》的勞倫斯‧斯特密說：「來訪者會告訴我一些正在發生的事情。如果他們不主動說：我就問他們。」

　　每次他接聽電話時第一句話總是「什麼事？我是強尼。」不論誰的電話都是如此。如果電話內容無關緊要他就會很快掛掉電話，而且他聽電話時注意力很集中，這樣一旦談話被打斷就可以馬上恢復。

　　龐大的人脈使他能把任何一個反對他的官員或者銀行監管專員趕下臺，隨著舊金山、洛杉磯、加州、紐約以及芝加哥地區銀行的不斷合併，他的影響力日益加大。

　　他認為自己的銀行是一家公共部門，應該全心全意地

為自己的顧客和股民謀福利，而不是去塞滿高層管理人員和少數大股東的錢包。

任何人，無論是擦鞋匠、葡萄園主、乞丐、圖書業務員、商人還是金融家，都可以到他的辦公室見他。他的桌子上有名牌，如果你問他在哪，勤雜工會指著銘牌告訴你：「他就在那裡。」

這也許可以解釋為什麼這個義大利移民的兒子可以掌控數百萬個小股東。

希伯來第 13 章第 8 篇

勞維爾·湯瑪斯（Lowell Thomas）講述了這件事：

在一列開往西部的火車上，幾個人停下來同他講話。一位女士慢慢地靠攏過來，當她聽到了勞維爾的名號時馬上走上前詢問他是否就是那個大名鼎鼎的勞維爾·湯瑪斯。

勞維爾很客氣地承認了。

於是，這位女士開始滔滔不絕地讚揚起勞維爾，並且說自己從來沒有錯過一次他晚間的廣播節目。

勞維爾面帶笑容地聽著。

女士指了指她那位穿職業裝的丈夫說：「我真是搞不懂這個人，但是每次一聽到你的節目，他都會跳起來，起身離開房間，嘴裡還嘟囔著希伯來第 13 章第 8 篇，希伯來第 13 章第 8 篇

勞維爾到達好萊塢後第一件事情就是找到了一本《聖經》，開始找裡面的希伯來第 13 章第 8 篇。

上面寫著：「耶穌基督昨日，今日，一直到永遠，都是一樣的。」

死前幻影

在這本書裡有關於銀行家詹姆斯‧斯蒂爾曼（James Stillman）離奇經歷的介紹，而卡內基的搭檔、焦炭與鋼鐵行業大廠亨利‧弗里克（Henry Clay Frick）也有著與其十分相似的經歷。30 年前這個故事在我的《美國締造者們》一書中提及過。當時赫姆斯泰德鋼鐵工廠發生了可怕的暴動，卡內基逃到了蘇格蘭，只留下弗里克一人面對這個血腥的暴力事件 —— 一位無政府主義者行刺了弗里克先生，對其開槍並用刀刺傷了他。對該事件，我是這樣寫的：

我問弗里克先生在被擊中的瞬間有沒有想起什麼，他稍有猶豫，然後坦誠地說他當時並沒有害怕和恐懼，當子彈射入他的頭部時，他看到了他疼愛的、一年前去世的女兒正站在他的旁邊。她是如此的真切，就在他的身邊，他真想伸出雙手去擁抱她。

後記：在他的後半生中，弗里克先生開始兼顧事業與慈善。在他的支票簿上有他去世的女兒的照片。這位焦炭大亨用這樣的支票捐贈了數百萬美元。

費爾斯通賣輪胎的故事

　　大公司的建立者和締造者哈維·費爾斯（Harvey Fires）通頭腦非常靈活，以前他隔一段時間就會走上街頭幫忙推銷。而且他確實長於此道。

　　幾年前，費爾斯通、福特和路德·伯班克三人經常在伯班克位於加州聖羅莎的家中聚會。有一次他們一起去洛杉磯，在路上費爾斯通和福特兩人開始尋伯班克開心。

　　伯班克鬼點子多，很快他挑起了話題，要費爾斯通和福特兩個較量看誰更懂得銷售。伯班克打賭說在聖羅莎兩人連一件東西也賣不出去。

　　「好吧。」費爾斯通說：「我們走著瞧。」

　　「這裡住著一位有錢的老印第安人。」伯班克說：「我想他應該有一輛福特車了。你們到他那裡去，亨利·福特負責賣給他一輛汽車，哈維·費爾斯通負責賣給他輪胎。」

　　第二天，福特出師未捷，連嗓子都累得沙啞了但是仍未能說服那位印第安人買一輛福特車。

這樣費爾斯通就比較難辦了，但是他說：「給我點時間讓我想一想。」

第二天，費爾斯通登門拜訪，發現這家的小兒子正在前院玩耍。這位輪胎製造者靈機一動，從他的車上取下備胎，當他和那位印第安父親談話時，小兒子就在一旁滾輪胎玩。

當費爾斯通起身要離開時，這個小男孩怎麼也不肯還回這個輪胎。這位印第安父親雖然不肯買一輛汽車，但是他堅持要買下這個輪胎。

「好吧。」費爾斯通說完回到了他的兩個朋友那裡說：「我沒有賣掉一整輛車，但是不管怎樣我還是賣給了他一個輪胎。」

錢的價值

在國際上享有盛名的安德伍德公司的總裁菲爾‧瓦格納（Fill Vagnera）是我多年的好友。一次我要他講述一兩件自己覺得很了不起的經歷，他拒絕了。後來我還是設法從他那裡打聽到了這個故事：

我想起了一件事情，這可能就是我一生中最重要的事情了。從這件事情中我了解到了一元錢的價值。

我來自一個小城鎮，父親是一名普通的鄉村醫生，到診所看病每次收費五十美分，上門看病每次收費一美元，兒童看病五美元。而且大多數時候人們是不用付錢的，只是表示一下感激。

我運氣好，上大學時獲得了一筆獎學金，畢業後在參加工作前的最後一個個假期我和一些朋友們去聖羅倫斯河玩。父親這次出手很大方，作為我的畢業禮物給了我一筆錢，這樣從聖羅倫斯河回來時我就可以乘坐輪船了。

我去拜訪的那些朋友們有很漂亮的房子，還有一艘氣派的遊艇，遊艇的船長叫史密斯。我在那裡逗留了將近兩

個月，經常能見到這位船長，他為人很客氣而且很好相處。在我乘坐輪船回來的前一晚，倒楣的我把錢包從船上掉到了水裡，我所有的錢都在裡面。等我到了克萊頓時我發現我沒有錢買輪船的船票了。

我看見我朋友的遊艇正停在碼頭，船長就在船上。當時我很單純，走上前去問船長借些錢好去買回家的票。當然想坐輪船回去肯定是不可能了。

結果讓我大吃了一驚。他對我說城裡有很多騙子總是借錢不還，除非我能出具一些抵押品，否則他一分錢也不會借給我。

我終於借到了一些錢買票到了附近的一座城鎮，在那裡我又借了一些錢坐車到了紐約，坐了一晚上的硬座，然後從中央車站步行到了紐澤西車站，最後回到了家。

這次的經歷讓我徹底明白了錢的價值，從此我盡量再也不向別人借錢。

超級推銷術

一天，我正和美國菸草公司總裁文森特‧瑞吉歐（Vincent Reggio）先生在紐約的 21 俱樂部吃午飯，鄰座的兩位女士的餐桌上擺放著兩盒香菸。很明顯，它們不是美國菸草公司的好綵牌香菸。

瑞吉歐先生馬上和兩位女士聊了起來，我以為他們是早就認識的。結果，一番交談後，女士們退回了那兩盒菸並換了兩盒好綵牌香菸，同時女士們還對瑞吉歐先生大加讚賞。

後來我們才知道原先的兩盒菸也是一位推銷自己公司香菸的先生介紹給這兩位女士的。

瑞吉歐，這位超級業務員，你就偷著樂吧！

輸了二百萬的贏家

1929 年的經濟危機中，無數大小人物賠光了自己的全部家當。埃迪・康托（Eddie Cantor）也沒能逃脫厄運。

1924 年，埃迪參加了富比士杯「你的銀行為你和社會帶來了什麼？」競賽，並獲得了五百美元的獎金。當時的埃迪自信滿滿，他的紐約銀行也日進斗金。

在經歷了慘敗後，埃迪進行了反思：

我損失了兩千萬美元的現金，但是我的收穫要遠遠超過這個數字。如果事情總是一帆風順的話，我可能早就走下坡路現在也就被市場淘汰了。他們掏光了我口袋裡的錢，但是我的頭腦卻因此變得豐富起來。經歷的事情越多，我就愈發不驚慌。我不是還可以賺錢，還可以每天都存下一些嗎？為什麼我要擔憂呢？

我知道我現在的工作量是過去的三倍。

那你的酬勞是不是也是過去的三倍？

三倍？一半而已！

冷靜下來後我必須要找到工作。一份工作是不夠還清

債務的。我又找了兩份工作。我拚命工作就是不想讓自己閒下來去思考或者去哀悼那些消失了的錢財。

　　我就是一個笨蛋，一個外表光鮮的笨蛋，一個輕率地買下股票的大笨蛋。我還以為自己很懂得投資，以為自己夠謹慎。我聽信了所謂的 8% 或 9% 的回報，結果我確實只得到了這 8% 或 9% 的回報，而我的本金卻損失殆盡。好萊塢的一家銀行說會有 6.5% 的回報率，也就是投資 10 萬美元會得到 6500 美元的收益。結果，銀行確實支付了 6500 美元，但是剩下的就什麼也沒有了。其他的錢就全都打了水漂。

希瓦柏的行銷術

查爾斯·希瓦柏（Charles M. Schwab）在他去世前不久參加了一次由紐約銷售管理人員俱樂部主辦的規模宏大的答謝宴會，那時他的身體還很不錯。

這位「世界上最偉大的業務員。」總是那麼和藹可親，充滿人格魅力，臉上帶著「價值百萬。」的微笑。在他接受「銷售大師。」這個稱號時，他講了幾個跟自己有關的軼事。其中有一個故事是關於筆者的，他還解釋說「富比士家族的人是不會自己把這個故事寫出來的。」

當時我正在賓州約翰斯頓市訪問，希瓦柏先生邀請我去他位於拉瑞多的私人高爾夫球場打球。他打的前幾個球水準很一般，我覺得自己這次贏定了。但是後來他一點一點地超過了我，最後竟然贏了我七個洞。

我不服氣，要求明天再戰一局，並且主動提出賭 20 美元，賭我一定會打敗他。

哈哈，他的球一次也沒有打進，這是他有史以來打得最臭的一次。我打進了八個球。

「但是。」希瓦柏接著講：「不久前，我和富比士賭20美元，賭尤金·格瑞斯一定會找出他的弱點並一舉打敗他。後來聽說他們打成了平手，我以為這樣就沒事了。」

　　「但是這個蘇格蘭小傢伙 —— 當時他比現在小得多 —— 卻對我說我賭格瑞斯會打敗他，但是因為格瑞斯並沒有贏，所以我要拿出20美元。格瑞斯和他都同意這個賭博規則，所以我必須得付錢。」

　　看看，這才叫超級推銷術！

愛迪生的髒手

很多年前湯瑪斯・愛迪生（Thomas Alva Edison）參加了大中央宮殿舉辦的一次電子展覽會，很多公立學校的男孩帶著自己的作品參加了展覽會，而湯瑪斯作為展會的貴賓要和這些男孩們握手。

這位導師式的人物逐個和這些孩子們握手並適當地說上幾句。這些記憶將會伴隨這些孩子的一生。

當愛迪生走到一個孩子面前時，這個孩子面露難色，手臂前後動了幾下，然後把手藏在了身後。

「先生，我不能和您握手。」男孩說：「我剛才只顧著我的作品，沒注意到手變得這麼髒了。」

愛迪生笑了。他伸出右手，手心向上，說：「孩子，要是我的手沒有你的髒，那你就不用跟我握手了。你看，我們一樣。臨出門前我本來已經收拾好了，可動身前我忍不住又做了點工作。」

男孩看了看愛迪生因為工作而弄髒了的手掌，臉色露出了笑容，畢恭畢敬地伸出了自己的小手。

我覺得講衛生很好，但是我更喜歡看到手上有工作過的痕跡。

洛克斐勒的領悟

　　我詢問約翰‧小洛克斐勒（John Davison Rockefeller, Jr.）最不尋常經歷是什麼，他過了很久才給我回覆，對此他給出了以下解釋：

　　由於最近忙於結婚，你初夏的信件一直沒來得及回覆。請接受我的道歉。

　　洛克斐勒先生講述了下面這件事情：

　　我和尊敬的加拿大前總理麥肯茲‧金一同在科羅拉多的煤礦待了三個星期，當時剛剛發生了1914年的大罷工，這次經歷在我的一生中算是最不尋常的了。這次發生的事情促成了科羅拉多地區工業的發展計劃和後來一直被廣泛遵循的一些基本的原則。

　　洛克斐勒公司雖然只是當地眾多的煤礦所有人之一，但是一些支持煤礦工人罷工的人士卻在全國範圍內煽動起了一股針對洛克斐勒公司的仇恨和敵對情緒。然而，在私下裡，在礦工家，在煤礦以及在一些公共集會上，在和數百名煤礦工人面對面的接觸中，我從來沒有聽到一句惡意

的話語。換句話說：我目睹了無數人的友善以及他們對合作和改善自身狀況的渴望。

在這三週中，我深刻地了解到人與人的接觸對於消除虛幻的仇恨和毫無根據的敵視是多麼的重要。

艱難起舞

在我很多年前的一次南方巡迴演講中，一個年輕人來見我。他是一個默默無聞的兒童舞蹈老師。他給我的印象很深刻：思維敏銳、講求實際、壯志凌雲且銳意進取。我邀請他為《富比士》雜誌寫幾篇稿子，他做得很不錯。

他就是後來在舞蹈教學領域最著名、最富有的亞瑟·默里。

早在 1920 年他就為《富比士》雜誌寫下了這樣的文章：

當我向家人和朋友們宣布我要辭去週薪 100 美元的工作重新回到大學學習時，他們對此都很不以為然，認為我一定是昏了頭了 —— 一個好端端的 24 歲的舞蹈老師居然蠢到要重回校園做一名大一新生。同時，放棄這份工作意味著我將有很長一段時間沒有任何收入，我的三個弟弟可能會因此而放棄他們的學業開始外出打工。

我想重回校園有很多種考慮，但是主要還是為了一個年輕的女士 —— 韋爾茲利大學裡的一名三年級學生。

我想如果在暑假期間舉辦些舞蹈班的話我也許會賺夠學費的。我手頭的 5000 元的積蓄也足夠弟弟們暫時使用的了。

　　我報名參加了喬治亞技術學校的商學院。

　　後來我發現，如果好好地安排時間，那麼每天大概會有四個小時的空閒，我可以用這些時間來教授舞蹈。亞特蘭大一家旅店同意我使用他們地下室的門廳，我費了好大的力氣終於把這個地方弄得像點樣子了。為了答謝這家旅店，我每週都要在這裡的舞會上表演一次。

　　我終於湊夠了一個 20 人的班級，但是由於上課時噪音太大旅店的經理不久就不許我在那裡授課了。我突發奇想租下一家時尚俱樂部的舞廳並把我的班級起名為二十人俱樂部。20 個學生的學費根本不夠支付租金和付給鋼琴師的費用，而且開業之際還有很多其他花銷。前幾週我都是虧本經營的，一度手頭上連一分錢都沒有。

　　但是，克服了重重困難後，我的舞蹈班不但很快發展成世界上最大的機構，而且還成為亞特蘭大社會中年輕人社團組織的領頭羊，我們和當地的慈善機構合作並協助他們籌集資金。

　　我認為這種成功得益於我的宣傳方法。對新聞媒體我總是謹言慎行。我寫了關於教學理念的長篇文章，告訴人

們我對教學很在行。另外公布一些成績卓越的學員的名單效果也很好。我每週都會在當地的報紙上發表一篇文章。一家大報社還多次整版地登載了我提供的故事，這樣既可以提高我們在全國的知名度又有稿費可以拿。

重返校園讓我學會了思考。

亞瑟曾經對我說：「我始終認為入學的學習對我後來的成功影響很大。」

很多後來成績斐然的人都曾經在早年時放棄了既有的成就，重回起點以求更加穩紮穩打。

見鬼了

　　很早以前，住在蘇格蘭鄉下的孩子們經常會聽到很多鬼故事。這些故事都很恐怖。一天晚上，我和哥哥從兩英里外的阿伯丁郡的村莊趕路回家，途中我們路過了一家磨坊，據說這家磨坊裡面經常鬧鬼。我和哥哥嚇得緊緊地抱在了一起。從磨坊旁經過時我的身體抖得厲害極了：我看見了鬼！

　　「你看到了嗎？」當我們飛奔出大概 100 多碼遠時我問。

　　「是的，你也看到了嗎？」哥哥問。

　　我們交換了一下自己看到的鬼的樣子，覺得我們看到的鬼的樣子和形態幾乎是一模一樣的。鬼魂的樣子那麼清晰、那麼真實、那麼恐怖以至於時至今日仍歷歷在目。

　　荒謬吧？有點。但是你又怎能說我們當時就是沒看見鬼哪！

　　相信自己吧！

讓里肯巴克葬身海底吧

　　海軍上校埃迪‧里肯巴克（Eddie Vernon Rickenbacker）和七名同伴擠在兩艘小救生艇上在太平洋上漂流了21天，期間這些人痛苦不堪、飽受折磨，同時還要服從埃迪的指揮——嚴格的指揮。

　　在埃迪所著的《七人歷險記》一書中，他講述了在這段煉獄般的痛苦接近尾聲時所發生的一件事情：

　　這也沒什麼丟人的，我們幾個後來都有些精神不正常了。一個接一個的命令搞得我們時常喪失理智。大家經常毫無緣由地發火、說髒話。

　　我們還在讀巴基特的《新約聖經》，這本書因為海水的原因已經開始泛黃並且汙跡斑斑。我們一開始都很虔誠，但是總是有人熬不住了最終退出。一天、兩天過去了，他們的祈禱沒有得到任何回應，於是開始抱怨上帝見死不救。

　　我試圖把我的人生哲學傳授給這些人，希望可以激起他們繼續下去的信心。我自認為在這樣的困境中我堅持的

時間越長，就越能夠給這些人更多的救贖。這是我這個年齡的人的人生感悟。

如果這樣還沒有效果的話，我就只有使用最後一招了：去嚴懲、去刺激那些垂頭喪氣的傢伙們。有一個人曾隔著 20 英呎遠的距離對我喊：「里肯巴克，你是最卑鄙、最惡毒的討厭鬼。這些事情在當時對我的內心造成了很大的觸動。」

後來這些人承認他們曾經發誓一定要活下來，要活著看我葬身海底。

健忘的林德伯格

查爾斯・林德伯格（Charles Augustus Lindbergh）上校在獲得了和平獎後，有一次要去華盛頓參加社交活動。他必須穿禮服去，他在長島的女房東知道他不注意穿著，於是就來到他的房間，果然發現林德伯格的禮服實在是太皺巴了。

「嘿，這件衣服一定要熨燙一下。」她邊說邊叫來了一位僕人，時間不多了，他下午就要坐飛機出門。

突然，她好像想起來什麼。

口袋裡會不會有什麼重要的東西？

於是女房東開始翻找起來。三個口袋裡什麼都沒有，但是在一個側袋裡她找到了一張紙。仔細一看，原來是一張 2.5 萬美元的支票。這是伍德羅・威爾遜基金會發給林德伯格上校的獎金。很明顯，他完全不記得這張支票了。

這才是總裁的樣子

西德尼·威爾遜（Sidney L. Wilson）於 1923 年當選為美國紙業公司總裁，那時他並沒有什麼生產方面的經驗，然而剛一上任他就大幅提高了產量，創下了不俗的生產記錄。

他是怎樣做到的？在他上任總裁第一週內發生的一件事情可以很多好地解釋這一點。

在公司其他管理人員的陪同下，威爾遜先生每天花大量的時間視察工廠和裝置。一天他獨自走進一間工廠，和裡面的一名工人聊了起來。

「你在這裡工作多長時間了？」他問。

「23 年。」對方答道。

「我在這裡只工作了幾週。」威爾遜先生說：「這裡我有很多地方不清楚。跟我說說你的工作吧。」

這名工人開始詳細地講解造紙的過程並說了一些他的改進意見。然後他問威爾遜先生是做什麼的。

「我應該是來幫助大家的。」這位總裁說：「有時我

要幫幫審計員，有時要幫幫勤雜工。如果我不能夠幫到你和工廠裡的其他人那麼我就是失職了。我是總裁。」

「對，你是的。」當威爾遜先生離開時這名工人大笑著說：「但是隨時歡迎你來我這裡。」

總裁離開後，一位主管走過來告訴這位工人說剛剛和他談話的人就是這裡的新總裁。

「哦。」這名工人說：「我在這裡工作了 23 年了，他還是第一個從辦公室裡走出來，並對我這樣的人感興趣的老闆。」

「很快。」威爾遜的一位同事說：「這個故事開始流傳開來。」

對答如流的溫德爾·威爾基

　　我的老友溫德爾·威爾基（Wendell Lewis Willkie）總讓我覺得他是一位身材魁梧、脾氣溫和的大男孩。他幽默風趣、妙語連珠，是聚會中的核心人物。

　　人們很樂於聽他講話，而且溫德爾也很愛說。他講起話來風度迷人，但是除了會講故事外，他還經常講一些有意義的話題。

　　他的知識面很廣，這一點幾乎可以和已故的詹姆斯·希爾相媲美。在他被提名為共和黨總統候選人之前，他在電臺《你問我答》的一期節目中表現得非常出色。對於人們提出的關於美國憲法等話題他對答如流，沒有任何問題可以難倒他。

　　「你好像是對美國憲法無所不知啊。」節目後我這樣對他說。

　　「當然。」他答道：「憲法我至少讀了一千遍。」

從 350 美元到 8 千萬美元

　　在 1907 年的經濟蕭條時期，年輕的約翰·威利斯（John N. Wallis）正在紐約的埃爾米拉地區辛苦地做著汽車銷售代理的工作。此前他訂購了 500 臺越野車，此時他正為這批車沒能到貨而焦慮不安。匆忙間他跳上了開往越野車總部印第安納波利斯的火車，週六的傍晚到達了目的地，週日早晨卻被工廠的經理面無表情地告知說：「我們明天早上就要被移交給破產清算組了。」

　　「你們不能這樣！」威利斯激動地喊道。

　　「只能這樣了。」經理說：「哎，昨晚我們給工人開了支票，但是明天早晨我們根本沒有足夠的錢來兌現這些支票。」

　　「你們還差多少錢？」威利斯問。

　　「大概 350 美元。」

　　在那個年代，印第安納波利斯銀行根本就拿不出任何

現金。這座小鎮和美國的大部分小鎮一樣當時還在使用臨時通貨。但是威利斯決定在明天銀行開門之前一定要不惜一切代價籌集到 350 美元。

威利斯找到了一家大飯店，他鼓起勇氣直接向飯店的櫃檯走去。

「在明早之前我需要 350 美元的現金。」他這樣對櫃檯的那個年輕人說。

「那祝你好運吧。」對方笑著回答。

「你要幫我弄到這筆錢。」威利斯說。

「這是不可能的！」對方回答，他仍然認為威利斯是在開玩笑。

威利斯開具了一張韋爾斯伯勒一家小銀行的 350 美元的支票，嚴肅地對這個人說：「我必須在明早銀行開門之前弄到這筆現金。」對方又笑了。

「這張支票有問題嗎？」威利斯問。

「支票沒問題，但是你要到哪裡去找 350 美元現金呢？我現在從銀行裡一分錢都提不出來。」

突然威利斯想到了一個籌錢的辦法。他告訴這個職員要凍結飯店收入的每一分錢，把飯店裡現有的所有錢都找出來，把每一個酒吧間抽屜裡的錢都找出來。

「在我籌夠錢之前，不要給任何人兌現支票。」威利

斯警告說。

　　飯店的主人在被告知這筆錢的用途後也開始熱心地參與進來。到午夜時分威利斯收到了一大堆的 1 元硬幣、50 美分硬幣、25 美分硬幣、10 美分硬幣和 5 美分的鎳幣，還有厚厚的一摞 1 美元紙幣和零星的 2 美元、5 美元和 10 美元的紙幣。

　　第二天一大早，威利斯將這一大堆錢放到了銀行的櫃檯上，來償還越野汽車公司的債務。工人們的薪資被準時發放了。

　　在八年內，越野汽車公司的大功臣約翰·威利斯因為持有該公司的股份而賺到了八千萬美元。

鍋爐工蒂格爾

出身富裕家庭、擁有理科學士學位的華特·蒂格爾（Walt C. teagall）卻被安排到鍋爐房當一名鍋爐工：每天從晚上六點工作到早上六點，每隔一週的週日還要連續工作 24 小時。

這個身體強壯的大學畢業生雖然當時眼都沒眨一下，一句怨言都沒有，但是後來他對我說：「夏天那裡實在是太熱了，但是沒關係，我反而學會了如何去理解這些做苦力的人。」

華特在鍋爐房裡的搭檔是個波蘭人，但是和在大學時做過運動員和運動員經紀人並有著寬厚肩膀、體格魁梧的年輕的華特相比，這個人就顯得很羸弱了。

一天早上，這個波蘭人沒來上班，但是後來他的妻子來解釋說因為那晚她生小孩，她的丈夫一晚沒睡所以第二天沒能起床。

在 39 歲時，了不起的蒂格爾成為世界頭號石油公司 —— 美孚石油紐澤西公司的總裁併帶領這家公司創造了不朽的佳績。

高度警惕的保鏢

　　花旗銀行總裁查爾斯·米契爾（Charles S. Mitchell）的桌子上有一排呼叫按鈕，一天一群來銀行採訪的記者對這些按鈕產生了興趣。其中有一個按鈕很明顯，比其他按鈕要高出一些，一位觀察細緻的記者詢問米契爾這是做什麼用的。

　　「這個是叫保鏢的。」米契爾先生笑著回答：「這個按鈕比其他的要高，這樣即使是一片漆黑我也能摸到它。好吧，我現在按一下，你們看看會怎樣。」

　　他按下按鈕，記者們饒有興致地等待著接下來要發生的事情。突然，門開了，一位穿著便衣、身材魁梧的男人氣喘吁吁地跑了進來。他惡狠狠地掃視了一下屋子裡的人，沒有發現什麼異常，於是轉向了米契爾先生。

　　「這是個誤會，傑瑞。」米契爾笑著說：「你去工作吧。」

　　「我現在就在工作，先生。」這位保鏢邊說邊稍有失落地望著這些記者們說：「只是，很抱歉，先生，這裡沒有我什麼事情做。」

不脫衣的朱克

　　阿道夫‧朱克（Adolph Zukor）很小時從匈牙利移民到紐約，身上只帶了縫在衣服裡襯的 40 美元，後來他在電影行業中取得了傑出的成就，他的一生被威爾‧歐文編寫成書，該書由知名出版社出版。

　　他從德國漢堡乘坐俄羅斯號輪船出發。在 19 世紀 80 年代還沒有強大的美國商船隊，當時像俄羅斯號這種穿梭於美國與德國之間的破舊輪船很常見。船艙裡髒亂不堪，各色人等共處一室，這位 16 歲的矮個子少年開始感覺到不舒服。

　　他看了看周圍，心想還是和衣而睡會更乾淨些。他穿上了自己第二好的衣服，衣服的裡襯還縫有 40 美元，在整個 17 天的旅行中他一次也沒有到甲板上去。時至今日阿道夫‧朱克一提起乘船還難受不已。

　　「很幸運我一直沒有脫衣。」多年後他回憶：看看船上的那些人，我這 40 美元恐怕連 40 分鐘也挺不過。在整個航行期間，他們一直都在洗劫船上的乘客。

意外的錄用

斬獲了所有美國銀行界榮譽的帕西·約翰斯通（Parsi H. Johnstone）卻並沒有一個順暢的事業的開端，事實上，他吃盡了苦頭。

帕西出生於肯塔基州萊巴嫩市，幼年喪父的他不得不肩負起照顧媽媽和妹妹的重任。他做過月薪 3 美元的鄉村燈夫的工作，當過每週每頭牛 50 美分的擠奶工。由於擠奶凳總是被奶牛踢翻，他還設計了一個巧妙的裝置讓奶牛再也踢不到凳子。

12 歲時，他決定長大後做一名銀行家。她的媽媽默默地幫兒子攢下他賺來的每一分錢，這樣他們就可以購買關於銀行學的圖書和訂閱銀行期刊了。高中畢業時，當地的一家銀行僱傭了他 —— 薪水是每月 10 美元。

初出茅廬的帕西很快就讓他的上司刮目相看，他提議銀行應該去接觸大眾，去拜訪客戶，和他們打交道，了解他們的狀況。他的上司很開明，告訴他只要不影響日常的工作，他可以按自己的想法到處去了解情況。他放棄了假

期，廢寢忘食地工作，乘坐馬車走遍了附近所有地區了解了人們的狀況，也讓人們了解了他的銀行以及銀行會給人們提供的服務。

他認為如果能成為一名國家銀行審查員的話，就會擴大自己的知識面並增長見識，於是他去了華盛頓，輕鬆地透過了必要的考試。

但是當貨幣總監威廉得知約翰斯通才剛剛 26 歲時，他提出了反對意見，因為 30 歲是最低年齡限制。於是他只給了帕西助理審查員的資格。帕西和貨幣總監發生了爭執。

一陣吵鬧聲傳來，貨幣總監走到窗前觀看。「快來看，羅斯福總統在騎馬。」總監喊道。

約翰斯通又氣又惱地回答：「我 26 歲還不能當銀行審計員，羅斯福先生 42 歲就可以當美國總統了，我才沒興趣看他走過來呢。」

「你被錄用了！。」總監馬上回答。

胡佛的壯舉

在總統競選期間，總統候選人赫伯特·胡佛（Herbert Clark Hoover）因為眾多的非凡成績而受到了人們的好評。但是卻有一個孩子認為胡佛是跟大力神赫拉克勒斯一樣的人物。

競選後的一天，老師問學生們胡佛先生最偉大的成就是什麼，班裡的一位很聰明的學生答道：

「他攔住了密西西比河洪水。」

大人有大量

享年 88 歲的威廉・赫斯特（William Randolph Hearst）在去世後飽受人們的譴責與謾罵。我曾與其有過長期的、密切的交往，在此想說上幾句為老先生正名。

人們說赫斯特是個獨裁者也不是完全沒有道理的。但是在我和他的長期交往中我從未有過這樣的印象。我是他刊物的財經版主編，在我受邀為他的刊物撰稿之前我就發誓說我只會寫我自己的觀點而絕不會人云亦云。而他也從來沒有試圖強制或左右我。

有故事為證：第一次世界大戰早期，一個代表團抵達紐約想極力促成一筆美國向英、法兩國借貸的五億美元的貸款。美國當時正處於經濟低迷時期，經濟十分不景氣，失業問題嚴重。我非常贊成這筆借款。我寫了兩版的文章來表明我對這筆借款的支持，並準備在週一早晨發表。週日午夜時分，負責《紐約美國人》刊物的編輯急匆匆地跑到了我的辦公室，幾近抓狂地告訴我總編髮電報指示說絕對不贊成這筆借款。「現在我們該怎麼辦？」他驚慌地問。

　　「冷靜。」我答道。「我來為我寫的文章負責，你不用管。等赫斯特先生到紐約時我去見他，跟他講我非常贊成這筆借款。」

　　很快我就見到了赫斯特先生。我剛開口講話，他就微笑著說：「在這件事情上你不用考慮我。你怎麼想就怎麼就寫吧。」

　　後來，英、法代表團成員之一、著名的英國大銀行家愛德華·霍頓爵士來找我，要我祕密地安排他和赫斯特先生見面。我照做了。

　　每天，赫斯特公司的幾家報紙都在整版地謾罵、指責這筆借款，各種難聽的話不絕於耳。一天晚上，我碰巧遇到了負責社論專欄的編輯，我說：「我想我們會再寫七個專欄的社論來抨擊這次貸款吧？」

　　這個編輯揚了揚眉毛，答道：「一定發生了什麼不可思議的事情！我們本來已經為明早準備一整版的社論。但是今天下午，赫斯特先生取消了這個版面，並命令說只出版一篇兩欄的、言語溫和的社論。」

　　後來再也沒有出現過整版的抨擊性言論。這筆借款獲得了核准。

　　即使是最尖刻的評論員也認為赫斯特是一個很慷慨的僱主，他極大地提高了傑出新聞工作者的報酬。這一點我

可以作證。曾經有三次他對我說：「在紙上寫下你理想的薪資數，我會支付給你的。」

　　所以，當大家都在指責威廉‧倫道夫‧赫斯特的為人及其工作時，我能做的就只是憑藉自己的良心寫下這些我親身經歷的事情。

比爾·傑弗斯被警告

　　威廉・傑弗斯（Williams M. Jeffers）以前曾做過勤雜工，後於 1937 年當選為聯合太平洋鐵路公司總裁。上任的第一天早晨，他的辦公室裡堆滿了鮮花。當他正在接待一位來訪的英國鐵路公司的主管時，該公司一位退休的老扳道工要求見他。

　　被帶到辦公室後，這位老工人環視了一下辦公室和帶有賀詞的花籃，突然說：「比爾，你這個王八蛋，你真的成功了！以前我沒少為你操心，現在你要自己照顧自己了。」

　　這位如釋重負的老工人離開後，那位表情嚴肅的英國總裁說他可從來沒有遇到過這樣的事情，因為他沒有在工人職位工作過。

　　這位新上任的聯合太平洋鐵路公司總裁之後不久乘坐自己的商務車去西部出差，途中停下休息時，汽車司機走了過來，開始和他談起了生意上的事情。但是傑弗斯正在全神貫注地寫一份很重要的電報所以沒有認真聽司機的

話。他敷衍的態度惹惱了司機：「這樣子根本不行。別把自己忙得連思考的時間都沒有。」

　　說完，這位司機大踏步地走了。

老闆要休假

　　查爾斯·希瓦柏（Charles M. Schwab）是安德魯·卡內基的得力助手（39 歲當選為美國鋼鐵公司總裁）。一天傍晚他正沿著哈德遜河開車，他的老闆由於第二天就要乘船去蘇格蘭，於是大發感慨說：「想一想，明天一早我就要從這裡乘船出發了，這是件多麼美妙的事情啊。」

　　「我們都是這麼認為的，卡內基先生。」希瓦柏對他的這位苛刻的老闆說。

管理公司的步驟

密蘇里太平洋運輸公司總裁鮑爾溫（L‧W‧Baldwin）在其任職期間以注重細節和貫徹始終的工作作風而聞名。

一次他的一位負責人想到了一個在當地做宣傳的好主意，但需要該地區所有的幾千個代理商的支持。

這份企劃書洋洋灑灑厚厚的一摞，企劃書後附了一封需要鮑爾溫總裁簽字後下發給總經理的信；還有一封總經理致各主管的信和一封寫給各主管，要求主管們給各個分割槽主管致函的信，並且還有第四封要各個分割槽主管下發給所有代理人的信。

鮑爾溫看了一眼這厚厚的一摞信件，從桌子上拿起來扔了出去：

「如果這樣做事情就可以了的話，那麼我加上你再加上一個祕書和一個翻譯，就可以管理全球的鐵路公司了。」

這時看到那位始作俑者垂頭喪氣的樣子，鮑爾溫又接著說：

「想法不錯，而且也可行，但是我來告訴你該怎麼做。現在馬上到總經理那裡說明整個計劃，得到他的認可。然後，帶著他的許可去逐個找主管們，並得到他們的認可和支持。接下來，找到一個分割槽主管，讓他接受你的想法。再帶上他和你一起去向一名代理人詳細地解釋你的計畫。最後你和這個代理人一起行動，並告訴他你認為這件事情應該怎樣來做。」

接著，鮑爾溫眨了眨眼睛說：「30 天或 60 天後你要回訪，看看他們有沒有按你說的去做。」

帶來好運的錯誤

美國電話＆電報公司總裁瓦爾特·吉福德於 1885 年 1 月 10 日出生於麻薩諸塞州塞勒姆市，家中有 5 個兄弟 4 個姐妹，瓦爾特 11 歲時母親去世。母親是名老師，給了瓦爾特很好的家庭啟蒙教育，因此瓦爾特 15 歲時就讀完塞勒姆高中的課程，但是由於年齡太小不能上大學。16 歲時瓦爾特就讀哈佛大學。

他是班裡年紀最小的學生，體重只有 110 磅，體格羸弱。由於知道自己的身體條件不是幹「體力活。」的料，他只好每天埋頭苦讀，博覽群書。他用三年的時間修完了四年的課程，在 19 歲時以優異的成績畢業並且還多輔修了兩門課程。

離校後他寫了兩封申請信，一封郵給奇異公司，另一封郵給美國西電公司。陰錯陽差他卻把兩封信裝錯了信封！西電公司給他回覆了一份申請表格，並備註說他們收到了一份他寫給奇異公司的信，但地址卻是西電公司。

「我以為我的粗心大意會使我痛失良機，但事實並非如此。」吉爾福後來回憶說。

西電公司將他安排到了芝加哥總部的薪資部門工作，每週有 10 美元的薪水。他後來一路高升，直至成為總公司的總裁。

人人都愛的座右銘

喬治‧貝克（George Fisher Baker）一度被看做是美國最重要的銀行家，這位資深的紐約第一國民銀行主管應邀在《富比士》雜誌首次對自己最喜愛的座右銘「我能做。」做出了公開的解釋。

巧合的是，這個座右銘同時也是時任美國最大的工業公司主席蓋里的最愛。這位美國鋼鐵公司主席在他的辦公室裡設了一個按鈕，一按下去，「我能做。」幾個字開始發光。

從這兩位所取得的不斐的成績來看，「我能做。」的確是一個適合所有年輕人的絕佳的座右銘。

從騾子那裡學來的

傑克森‧雷諾茲（Jackson E. Raynolds）是喬治‧貝克著名的紐約第一國民銀行的總裁，他認為自己的成功一部分原因在於兩頭騾子。雷諾茲有著非凡的處理商業、法律和金融事務的能力，同時也很善於人員管理，可以讓手下的人和諧相處、同心協力，正因為此他才得到了資深銀行家貝克的賞識。

雷諾茲家境並不富裕，15歲時開始在一家偏遠的西部大農場工作。農場主指著兩匹馬說：「這兩隻歸你了。這隻叫寶貝，另一隻叫皇后。」雷諾茲從來沒有擺弄過大馬，現在只好順從地去套馬、駕車去幾英里外的河床拉木頭。

他剛一接近寶貝，寶貝抬起腳踢得他重重地撞在木牆上並穿牆而過。他站起身來，受了點擦傷但不太嚴重，他決定換個辦法。雷諾茲爬進乾草棚，隔著馬槽一點點地接近，手裡面拿著頸圈準備套在寶貝的頭上。與此同時，寶貝前蹄高高抬起，暴跳如雷隨時要狠狠地踢他一腳。但是

雷諾茲下定決心一定要成功。終於，馬具套好了，他駕著馬車出發了。

在回來的路上，馬車要下一個很陡的山坡，馬車撞到了馬身上，馬匹們又一次失控了。

大概有三英里的路程，馬匹一路狂奔完全不聽使喚。這時前面出現了一片新開墾的農田，雷諾茲設法調轉馬頭讓車跑進了田裡，然後緊緊地拉住韁繩，讓失控的馬匹們一圈圈地在農田裡狂奔。車的後輪都顛飛了，馬匹們仍然沒有停下來的意思。於是雷諾茲決定放手讓這兩隻瘋馬去跑，直到他們自己累了停下來。終於，馬匹們不跑了。

這時他發現農場上的一群不懷好意的傢伙正在饒有興趣地看著他和馬匹的鬧劇。他們這裡只有一個人能搞定寶貝和皇后，但是這個人現在離開了。這個人在時總是殘忍地對待這兩匹馬，每天早上第一件事就是用項圈狠狠地打這兩匹馬一頓。知道了這一切後雷諾茲知道接下來該怎麼辦了，他決心以後要好好地對待他們。六個月後，兩匹馬再也不踢他了，一年後，他們成了整個農場最溫順的馬了。

「我後來領悟到。」雷諾茲先生說：「人和馬其實並沒有很大的區別：你要去了解他們，然後你對他們的好心都會得到回報。」

福特說謊了？

查爾斯·皮茲（Charles Piazzi）在一戰期間對美國運輸業做出了重大的貢獻，他經常跟朋友們講述這樣的一件事：

「福特人很幽默。一次查爾斯·希瓦柏和我碰巧在底特律，我問這位汽車大亨是否會受那些廣為流傳的關於福特汽車的笑話的困擾。」

「一點不會，福特答道。這些笑話恰好替我做宣傳了。」

「然後他講了他自己的故事。當時他正在測試一臺老福特車的傳動功能。為了測試，他在鄉村開車駛出了 15 或 20 英里左右，這時看見一輛豪華的汽車在路邊拋錨了。兩名男士正一邊修車一邊抱怨，福特於是走了過去要幫一把。」

「如果你們願意的話，我可以來幫助你們。」

「經過了大概 15 分鐘終於把車修好了。其中一個人從口袋裡掏出了一美元。」

「不，謝謝，福特推辭道。我不缺錢。」

「你撒謊，對方答道。有錢人誰會開這麼一輛破車。」

經受住考驗的哈維・吉普森

已故的哈維・吉普森（Harvey Gibson）受盡了常人沒受過的苦難，經歷了常人沒經歷過的挫折，最終成功地將製造商信託公司發展成為紐約銀行業大廠。

他畢業於鮑登學院，之後在波士頓美國運通公司謀得了一份工作。他提前十分鐘來到公司，當時公司只來了一位年輕的穿工裝褲的愛爾蘭人，此人把木屑灑到地板上然後開始清潔地板。大學剛畢業的吉普森坐在椅子上心中為這個可憐的、只能做如此卑賤的體力工作的傢伙感到悲哀。不一會，經理進來了。他先是對當今的大學生表露出強烈的不滿，然後命令吉普森接過掃帚接替愛爾蘭人掃地。而那個叫喬的掃地的傢伙馬上得到了重用。

吉普森又驚又惱，但是從此以後他開始認真地對待自己的工作。

不久之後，運通公司宣布公司上下包括總管在內的所

有金融部門的一千名左右員工都要參加一次考試。年輕的吉普森的成績遙遙領先，一時間成為公司裡備受矚目的人物。

蒙特羅地區的經理突然生病需要馬上有人接替他的工作。波士頓公司的三位主管決定每人寫下一個最佳候選人的名字。三個人居然不約而同選擇了吉普森。三年裡吉普森使得公司的外匯和其他金融交易從每年二百萬美元增長到了每年五千萬美元。

時任阿斯特信託公司總裁的蘇厄德・普羅瑟（後為銀行家信託公司總裁）曾經和年輕的吉普森有過生意上的往來。此人觀察敏銳，十分看好吉普森並勸其成為自己競選自由國民銀行總裁時的助手。這份工作帶給吉普森的是一張三英呎寬的辦公桌和一份少得可憐的薪水。據吉普森後來告訴我，當他接過第一份薪資時放聲大哭起來。

吉普森證明了自己在招攬生意方面的奇才。一天，普羅瑟告訴他說在下一次的董事會上他將被任命為副總裁。

誰知，一位頗具影響力的董事亨利・戴維森卻反對普羅瑟提升自己的這位年輕的助手。

吉普森驚愕不已但還是一如既往地 —— 甚至比以往更努力地 —— 工作。一個月後戴維森問吉普森表現得怎麼樣。普羅瑟回答道：「極好了。」

「這個傷心失望的傢伙有沒有說什麼？」戴維森問。

「他說如果得不到你的認可他是不會去做副總裁的，總有一天你會同意他擔此職務的。」

「我現在就同意了。」戴維森說：「他還是個新人，我想看看他在失望和遭遇逆境時會有怎樣的表現，我很高興他證明了自己。」

34 歲時吉普森成為了這家銀行的總裁，以後又不斷地迎來自己人生的新高度。

帽子的含義

　　這件事是在舊金山多拉爾遊輪上一次由羅伯特‧多拉爾（Robert Traill）主辦的午宴上被人提起的。

　　「你還記得嗎。」一位老友問：「有一天在交易市場我走向你，手裡拿著帽子向你募捐。」

　　「我當然記得了。」時年 84 歲的遊輪主人說：「我告訴你說我很樂於捐款。當我要伸手掏錢時我問你這次募捐的目的。」

　　「然後你說大家正在籌錢準備給我買一套新衣服！我一下子明白了，多雷夫人好長時間以來也一直為這件事跟我鬧彆扭。我看了自己一眼覺得你們說得太有道理了。我趕緊跑到馬路對面給自己買了一套新衣服。」

悲慘事件

　　紐約中央鐵路公司的一位董事在開完董事會回家的路上突然在地鐵站離世。在第二個月的董事會上，根據一貫的傳統，時任董事會主席的冒西・迪普向這位已故的經理的家人呈遞了一份精心謄寫的悼文。

　　史密斯（A. H. Smith）總裁宣讀了這份悼詞。悼詞言辭精美，無處不展現出迪普先生的情真意切。「我被感動了。」史密斯總裁說：「我們都祈禱一定要讓迪普參議員比我們所有人都長壽，這樣他就可以為我們所有人起草悼詞。」

　　「我環顧了一下董事們的坐席。」迪普一天對我說：「我對自己說在這所有人中，史密斯先生是身體最健康的，等他去世的時候猜想在座的各位都已經不在世了，沒有人會給他寫悼詞了。我當時九十多歲，史密斯先生還不到六十三歲。」

　　「可是下個月的董事會的時候，我開始滿腹傷心地為史密斯的離世撰寫悼詞。」

羅傑斯逗笑了柯立芝

一位美國議員安排威爾·羅傑斯（Will Rogers）到白宮見柯立芝總統，臨行前議員嚴肅地告誡羅傑斯要注意自己的言行，不要對柯立芝胡說八道。但是羅傑斯根本沒放在心上。

羅傑斯跟這位議員朋友開玩笑說自己可以讓總統在見面後的一分鐘內笑出聲來。議員同意和他賭一賭，因為他很清楚柯立芝是個非常沉悶的人。

一番客套後，議員和威爾被帶到了總統辦公室。

這位議員一本正經地為雙方引見。

「你剛剛說這位先生叫什麼名字？」威爾問議員。

柯立芝聽聞，鬨然大笑起來。

約翰‧赫茲的成功之路

我最近致函約翰赫茲（Hans Hermann Herz）先生，希望他可以提供一件關於他自己的最不尋常的經歷，下面是他的回覆的節選：

親愛的富比士：

「收到你的信後不勝歡喜。能將我列入你的『101 不尋常事件。』我感到很榮幸。」

「我很抱歉，但是很早以前我就告訴自己出風頭這種事情對於我這樣一個退休了的老人沒有好處。」

「對於一個將近 73 歲的老人來說：我的人生目標就是哄老婆開心，有幾個摯友再培育出幾匹純種的好馬。」

我是第一個在雜誌上撰寫關於約翰奇特職業生涯的人，因此，我對此很熟悉。下面的文字摘自我自己的文章：

做生意總是要承受壓力的。1914 年前，赫茲的身體一直很好，但是芝加哥出租司機罷工事件使得他的健康狀況開始下滑。醫生讓他到歐洲休養，他在那裡一刻也沒有閒

下來。在巴黎他注意到 10 美分就可以乘坐計程車進行一次短途出行。於是他開始調查。

回國後，他開始著手改革本國的計程車行業。

有一件小事可以說明赫茲做事是怎樣地深入和透澈。一次他決定為計程車塗上醒目、易辨識的顏色，為此他請當地的一所大學來用科學的方法鑑定哪一種顏色在遠處看會比較突出。測試結果就是現在我們滿大街使用的亮黃色。

當他與出身高貴的弗朗西斯・科斯納小姐訂婚時，他必須提供至少一套舒適的住房，他該怎麼辦呢？

「我分析了一下自己的財產和資歷。」赫茲先生後來說：「最後得出結論，除了認識一大群體育圈子裡的人以外我真的沒有別的了。我得過幾次芝加哥運動員協會業餘拳擊錦標賽的獎牌，我當時覺得唯一的出路就是去做這些職業拳擊手們的經理人。於是我就去做了。我賺了很多錢也累積了大量的經驗，但是我的未婚妻說如果我繼續做這行的話她就不嫁給我。我沒有她活不了，所以我只好開始找下一份工作。」

我認識一位司機，他負責為一個汽車銷售商做產品示範，他讓我利用自己的人脈試著去銷售汽車。

我又重新開始了。第一年我很努力地工作但是只賺到

了 800 美元，根本就不夠養活我們全家 —— 是的，當時我已經結婚了。但是在第二個年頭我賺到了 1.2 萬美元，第三年我的銷售額超過了經理和七、八個業務員的總和。我的收入多了起來。

「你是怎麼做到的？」我問。

首先我有很多熟人。但是現在想想看，我認為主要是因為我賣的不是汽車而是服務。每賣掉一輛汽車，我就成為了這個車主的僕人。如果客戶的車在凌晨兩點鐘拋錨了，他會給我打電話而我一定會馬上趕去救援。在當時，汽車拋錨是很常見的。我按成本價賣給他們配件，並盡我一切所能來為他們服務。於是我的客戶自己就開始幫我推銷了。

約翰後來離開了汽車行業到鉅額融資所工作，在雷曼兄弟銀行有著非常卓越的表現。他不但是一名優秀的銀行家，也是一名頂尖的賽馬繁育高手。他是千萬富翁，結交甚廣。

出人意料的答覆

　　已故的美孚石油公司大廠亨利‧弗拉格勒（Henry Morrison Flagler）建鐵路、蓋酒店，為弗羅里達地區的發展做出了很大的貢獻。他的一位朋友跟我講了他的一個故事，從這個故事中我們可以了解到弗拉格勒的風格。

　　一天該朋友正在和弗拉格勒交談，弗拉格勒收到了一封電報。他讀過電報後將其交給該好友閱讀。電報發自聖奧古斯丁地區，這是弗拉格勒為其龐塞德利昂大酒店所選的地址。電報內容如下：「除酒店一端仍留有一支樂隊外，現已空無一人。現在該怎麼辦？」這位經理想詢問他是否可以將這支樂隊遣散。

　　弗拉格勒是怎樣回覆的呢？「再找來一支樂隊在酒店的另一端演奏。」

　　弗拉格勒和許多早年在洛克斐勒身邊工作的人一樣，他們既有遠見又有堅持信念的勇氣。

優秀的技工

　　哈德遜汽車公司總裁羅伊‧查賓很喜歡講這個故事：

　　一天我和一名技師從威爾遜車身工廠參觀完往回走，剛走了大概一英里的路程，汽車的轉向彈簧突然壞了。對這種事情我們是束手無策，只好把車停在路上，用腳使勁地踢汽車的前輪。跟我同行的技師說在車身工廠旁邊有一家小修理部，那裡有個師傅手藝很好應該可以幫助我們。

　　我願意去試試，但是說實話當我看到這家修理部時不抱任何希望，老實說這就是一間有著單層屋頂的小房子。我們走了進去，一位瘦弱的、穿著藍工裝褲的男士走過來問我們有什麼事。他一動手修理我就知道這是一個行家，但是我也發現他好像不太情願做這件事情。

　　他固定了一塊鋼板在上面，不一會我們就又可以上路。

　　要離開時，我的這位同伴邊揮手告別邊喊道：「多謝了，亨利。」

　　「我是亨利‧福特。」

勿做悲觀者

已故芝加哥商人兼慈善家朱利葉斯‧羅森瓦德（Julius Rosenwald）在他 65 歲生日時說他的成功完全是因為運氣。

「但是。」他繼續說：「即使是好運氣對於悲觀的人來說也於事無補。悲觀者萬念俱灰，於是也就一事無成，因為沒有希望的人是無法做事的。悲觀者就像是這個小威利一樣。」

「你去上學嗎，威利？」一位婦人問道。

「才不，威利說。我上學有什麼用？我不會讀，不會寫，畫畫也不行，我才不去上學呢。」

靈魂的對話

　　紐約花旗銀行創始人詹姆斯・斯蒂爾曼（James Still-man）在去世前不久對我講了他自己一生中最不尋常的一件事情。一天晚上他正在巴黎的家中睡覺，突然一反常態他一激靈醒了，當時屋內一片漆黑，但他卻清楚地看到自己親如兄弟的好友、紐約知名律師約翰・斯特林正站在面前。

　　他整晚都沒能入眠。這個影像一直縈繞在他的腦海。他心中十分不安，於是給斯特林發了封電報詢問他在當時在做什麼以及有沒有想到什麼。斯特林回電報來說他的母親剛剛去世，在那一刻斯特林正滿心期待著他的這位能互通心靈的摯友能在身邊陪著他。

菸癮犯了

傑出的電業巨人查爾斯・斯坦梅茨（Charles Proteus Steinmetz）是奇異公司早年的天才主管，同時也是一個菸癮很重的人。

當工廠裡張貼上「禁止吸菸。」的告示時，斯坦梅茨並沒太理會。

一天，一位工廠的管理者要他注意告示上的內容，並問他是否知道吸菸是不合規定的行為。

第二天，斯坦梅茨就沒有在工廠出現。接下來的兩天也沒有出現。於是其他管理者慌了，開始到處去找他。

最後人們在水牛城易洛魁酒店的大廳裡找到了失蹤的斯坦梅茨，他正舒適地坐在椅子上吞雲吐霧。

當被告知說整個公司都在找他，都想知道他去了哪裡以及做了什麼時，斯坦梅茨淡定地說：「我就是在這裡抽根菸啊。」

多愁善感的摩根

　　無疑，已故的摩根（John Pierpont Morgan）留給公眾的是刻板又專注的的金融家形象。但是其實他也有不為人知的一面。

　　紐約公立圖書館曾經展覽了一批面向公眾的珍本和二手書。這些手稿書籍大多都是由摩根收藏並由其子進一步擴充的。

　　在和幾個好友參觀這些收藏手稿時，摩根表現出的不僅是他對這些手稿以及手稿作者們的熟悉程度，同時還表現出了這位銀行家為公眾所不熟悉的幽默和感性的一面。摩根逐個閱覽這些古本，同時講述一些關於這些手稿的故事。

　　從摩根對伯恩斯手稿的觀察中我們可以窺視到他的些許詩人情懷。他指著手稿中詩人所作出的一處改動，然後說：「這樣改動後就更加朗朗上口了。」對於雪萊的《印度小夜曲》手稿，他又說：「這是在他溺水身亡後的屍體的口袋裡找到的，手稿一直泡在水裡，因此字跡有一些淡

了。我感覺字跡現在仍在褪色，我很擔心這一點。」

　　從摩根對手稿上字跡深淺的擔憂我們可以了解到這位全國首屈一指的銀行家所不為人知的一個側面。

說做到的歐克斯

　　《紐約時報》老闆阿道夫‧歐克斯對手下的員工非常親切，而且有求必應。他是那些覺得自己被無理開除的或是覺得自己薪水過低的員工的求助對象。

　　這些想漲薪資的員工們總是想盡各種辦法來找他。但是最有趣的還是那個機靈的編輯。

　　一天，這個編輯在電梯裡遇到了歐克斯先生，稍稍猶豫後，編輯問：

　　「你覺得我是一個好編輯嗎？」

　　「當然是了。」歐克斯答道。

　　「你認為我是一流的編輯嗎？」

　　「當然，你就是一流的。」

　　「那為什麼你只是付給我三流的薪資呢？」

　　於是歐克斯馬上給這位編輯漲了薪資。

弗雷德·薩金特的教訓

芝加哥及西北鐵路公司總裁弗雷德·薩金特（Fred W. Sargent）曾經在愛荷華州蘇城做過律師，律師職業生涯中發生的一件事情使他大受裨益並學會了如何去對待他人。他的原話摘錄如下：

「在一個重大案件的審訊過程中，對方的律師為了支持自己的觀點向法庭請求將許多相關法律書籍帶到了法庭上，並準備在需要時朗讀裡面的內容。」

我剛剛向法庭陳述完畢，就看見對方律師的助手正抱著一大摞書籍走了進來並將其整齊地擺放在桌子上，我當時抗議說法官對於這些法律事項非常清楚，為什麼要費力帶來這麼多的書還要當庭大聲朗讀，真是多此一舉。對此，對方的律師馬上說：

「薩金特先生，我知道法官很了解法律，但是我是打算把這些條款讀給你聽的。」

我被反咬了一口。它讓我了解到拿別人開玩笑永遠是有風險的。

棒球指與大訂單

　　當房地產界銷售奇才約瑟夫・戴談起銷售技巧時，他講了一件與已故美國鋼鐵公司主席阿爾伯特・蓋里之間發生的關於一椿大樓買賣的事情。他和蓋里交涉無果，剛要離開前，戴說：

　　「蓋里，我現在沒有時間，除非是錦標賽要不然我都不會看的。我在體育館有一個包廂，我已經邀請了你認識的很多人來做我的嘉賓了。你來看嗎？」

　　「我會去的，戴，我會去的。」稍加猶豫後，蓋里答道：「我小的時候也玩棒球，但是因為窮買不起面罩和其他的保護裝置，連護腿也買不起。」

　　「我也一樣。」戴回應說：「你看，我因此還患上了棒球指。」

　　「我也有棒球指。」

　　「我的更嚴重些。」

　　「才不是，我的更嚴重。」這位鋼鐵公司主席斷然地說：同時不停地在戴的面前搖晃他那隻彎曲的手指。戴也

舉起了自己的手指，兩人對著搖晃起手指來。正在雙方僵持不下時，祕書進來說鋼鐵信託公司總裁查爾斯·希瓦柏來訪。

「我們當時看起來一定像兩個傻瓜。」戴先生說：「我們站在那裡，晃動著手指。但是，不管怎樣，第二週我以五百萬美元的價格賣給了蓋里一座辦公樓。」

阿莫與犯錯的司機

外面暴雪肆虐，行駛在密爾瓦基和芝加哥市之間的一輛晚間特快列車的司機突然來了個急煞車，車上的乘客被晃得七扭八歪。一位上了年紀的乘客，提著一盞燈，搖搖晃晃地走到了火車的前車廂，發現剛才差一點就要發生跟前車追尾的事故。於是他叫來了火車司機，對司機說：

「我是阿莫，這條鐵路的經理。你明天早上九點鐘到我辦公室來一趟。」

第二天早晨，司機戰戰兢兢地來到了阿莫的私人辦公室，覺得自己一定會被馬上解僱的。他坦白地承認早就有訊號燈警示他了，而他本來也應該能看到警示燈，但是可能當時他正在打盹所以就沒有注意。他接著說現在駕駛特快列車基本上都是全自動的了。

「是的，是的，問題就在這裡。」阿莫說：「對你來說：列車是自動行駛的。你上了年紀，天當時也很黑，雪下得很大，所以你很難會看到危險警示燈。你的老家在哪裡？嗯，好。這有一張 1500 美元的支票，回康乃狄克州

去吧，去找你的老朋友們，開一家小店，安定下來享受舒適的晚年生活吧。」

　　後來阿莫公司的一位代表恰好路過了這位司機開的小店，這件事情才為大家所知曉。代表走進了小店，當然馬上也買了店裡的東西。

挨餓的凱勒

很難想像瓦爾特‧克萊斯勒（Walter Percy Chrysler）先生的傑出繼任者凱勒曾經有過流浪街頭、忍饑挨餓的經歷。

他曾經職場順利，老闆說他是「有史以來最出色的人。」他也因此被衝昏了頭腦。「當時我腦子裡想的都是爭權奪勢而不是如何做好工作。」凱勒自己承認說。後來他被公司開除了。

他在街上漫無目的地走了一週、兩週、三週，什麼工作也沒找到。六週過去了，他還是無所事事，那時他再也不用為什麼「權位」擔憂了。十週過去了，他還是在底特律的街頭閒逛，沒有公司肯僱用他。

此時飢餓的痛苦已經超過了精神上的疼痛。他雖不情願但還是走進了當鋪。他每天只吃一頓飯，一天他清點了自己的物品發現除了這身衣服外他只剩下一頂帽子了。帽子賣了 35 美分。由於他太餓了，一頓飯就把帽子換來的這點錢全花光了。

失去公司管理職位後的這殘酷的三個月裡，他吃盡苦頭、身心俱損。「我現在真的是一貧如洗了。」他回憶說。

　　第二天，肚子空無一物，物品典當全無，他又開始在街上流浪了。他還年輕，迫切地需要一份工作。這時幸運女神降臨了。當他去哈德遜汽車公司應徵時，對方告知他這裡正好有一個空缺，但是卻是一份髒兮兮、油膩膩的體力活，工錢是每小時 40 美分。凱勒當然接受了。

　　從此，凱勒從一個幹體力活的工人步步高昇，再也沒有失敗過。

　　他對美國軍事的卓越貢獻沒有任何一個商人可與其相提並論。1950 年他被選為陸海空三軍導彈專案的指揮。

使眼色的梅隆

　　作為《紐約美國人》刊物財經版編輯，我詳細地報導了關於紐約、紐黑文和哈特福特地區經理因失職罪被起訴而向股東賠償數百萬美元的事件。鐵路公司本來是股票投資的熱門，現在開始股票行情大跌。

　　在一次聽證會上，政府的律師們宣讀了「羅得島參議員盲老闆。」的信件，信中「盲老闆。」承認他曾不止一次地收受了鐵路公司的大額行賄。這些信件影響非常不好。

　　查爾斯·梅隆當時是該鐵路系統總裁，按照程序他要以證人身分出庭。

　　因為跟梅隆先生很熟，在午餐休息時，我慢慢地走近梅隆先生，問道：「梅隆先生，以後還會有很多跟盲老闆的信類似的信件出現嗎？」

　　「不，沒有，先生！。」梅隆語氣強烈地說。「我從來，從來沒有給他寫過這樣的信。」然後他停頓了一下，「我偶爾會去那裡看他！。」邊說他還邊向我使眼色。

　　（經理們後來被定罪了，被罰了數百萬美元。）

就這樣把合約簽了

著名的坎貝爾 - 愛華德廣告公司在底特律、紐約、芝加哥、倫敦和其他幾座城市都設有自己的公司,其總裁亨利·埃瓦爾德講述了他公司裡一名機靈的業務員的故事:

我們極力向一家公司的總裁爭取廣告業務,而且許多優秀的業務員都在為這份廣告業務忙碌著,但是就是不能打動對方。

業務員一個個敗下陣來,最後輪到了另一個人來對付這塊難啃的骨頭。我們安排他們見面,六個小時後,合約居然簽好了。

「你是怎麼做到的?」我問。

「很簡單。」這個人答道。我去見埃瓦爾德先生,他先把自己的手錶摘了下來放在桌子上,然後挑釁地說:「我跟你賭十美元,賭你在 15 分鐘內講的你們公司的一切我都知道。」

「我從口袋裡掏出了合約,指給他看簽名處。」

「你什麼意思?他厲聲地問。」

「如果你很熟悉我們的公司，那麼你就應該簽了這份合約。」

「他放聲大笑起來，然後把手錶戴上，我們就開始談正事了。結果就是你看到的這個樣子了。」

事業成功的祕訣

北卡羅萊納州夏洛特市的《觀察家》報於 1940 年 12月 12 日刊登了一條標題如上的社論文章：

在昨天刊登在《觀察家》首頁的關於南方鐵路公司火車失事事件的圖片中，最為顯眼的是從高架橋上墜落並側翻在路邊的歐內斯特・諾里斯總裁的公務車。

共有三輛車側翻，七節車廂脫軌，包括諾里斯在內共四名鐵路公司負責人還有五名乘客和兩名行李搬運工受傷。

諾里斯的車翻到了一條乾涸的河谷底部，他困在車裡無法動彈。除了巨大的碰撞造成的衝擊外，他一條腿骨折，頭上有一個大傷口。但據美聯社報導，當一名黑人行李搬運工向諾里斯跑去要救他出來時，諾里斯說出了他職業生涯中最為意義深刻的一句話：「別管我，先救乘客，我傷得不重。」

這樣的話語鏗鏘有力，充分地說明了在諾里斯的心中什麼才是最重要，以及在他意識到事故並沒有奪走他生命時他的第一個念頭是什麼。

　　這些話語他脫口而出，沒經過任何深思熟慮。他無意中告訴了大家在他的心中什麼才是頭等大事，而這正是他能夠從 20 歲時的汽車代理商一路做到美國大型鐵路公司總裁的祕訣所在。

　　「別管我，先救乘客。」

　　滿腔抱負的年輕人要好好地想一想這句話的含義。

心靈感應？

　　十歲那年，有一天我一個人從附近的村子回家，對面走過來一個我認識的工人。

　　突然，我的「第六感」清楚地告訴我：「他會給我一便士。」

　　他以前可從來沒這樣做過。

　　然後，他叫住了我，遞給了我一便士，這在當時真是一筆不小的數目。

　　我當時不知道該說什麼，但是後來我總是在想，直到今天也一直沒弄懂，這是不是就是心靈感應。

　　你有沒有過這樣的經歷：當你和另一個人談話時，你能清楚地知道他接下來要說什麼？

　　這到底是怎麼回事？

福特失蹤了

在福特身上經常會發生這樣的事情：

眾所周知，形形色色的人都想要去見亨利‧福特（Henry Ford），並與他交談。同樣，他自己公司的管理人員也要經常去見他。一天，福特突然不在總部了。沒有人知道他去了哪裡。後來人們才知道真相。

一位福特汽車的老經銷商給福特寫信說他有一個老式的管風琴，如果福特想把它收藏進福特的美國文物博物館的話，他將很樂於捐獻出來。福特對此很感興趣，於是自己駕車數英里想去見一見這個古老的管風琴。

在對管風琴讚賞有加後，福特發現管風琴的主人十分風趣，於是他們坐在門廊裡，吃著自制的小點心，喝著自制的檸檬汁，聊了整整一下午。

無票謝絕入內！

通用汽車公司總裁斯隆（Alfred Pritchard Sloan, Jr.）被北極冰箱的一名員工驅逐，禁止他進入會場。

北極冰箱是通用汽車公司下屬的一個部門，有一次要在代頓市投資 2000 萬美元新建的的工廠召開一次創紀錄的大型會議。他們租用了一間寬敞的劇院，用於召開一些重要的會議。

斯隆先生因為有事走進了劇院，而該劇院是要憑票進入的。

業務部門霍爾德曼在劇院裡當工作人員，他不認識斯隆，告訴他說如果沒票的話就必須離開劇院。

斯隆先生沒有票，所以只好禮貌地退出了。他四處環視，看到了北極公司總裁比什萊。「比什萊，快來救我，否則我就不能進去了？」斯隆哀求道。

比什萊當然將斯隆帶進了劇院。霍爾德曼先生也沒有丟掉自己的飯碗。

「鍋爐工」華特·蒂格爾

石油大廠華特·蒂格爾既會工作又懂娛樂。他很喜歡到加拿大風光迷人的獵場去打獵和捕魚。一次傍晚他打獵回來，在帝國石油公司位於北灣市的一家破舊的旅館裡，等著那列開往多倫多的火車。

一名男子開始大聲地打電話。蒂格爾根據通話內容猜這個人是帝國石油公司的業務員。當男子掛掉電話，坐在了蒂格爾的旁邊時，蒂格爾說他也是帝國石油公司的員工。

「哦，對了。」該男子說：「我收到過一封信說他們會派過來一名鍋爐工把漏水的鍋爐修好。你就是那位鍋爐工吧。」

後來，蒂格爾很樂於跟大家講這件事情，他說：「難怪我會被看成是鍋爐工，我當時滿臉鬍鬚都可以紮成掃帚了。」

後來，這名業務員成為了一名助理經理，每次他見到蒂格爾時都稱他為「鍋爐工」。

蒂格爾在 39 歲時獲得了美國石油行業的最高榮譽——美孚石油公司總裁職位。還從來沒有人如此年紀輕輕就擔當此等重任呢。

　　「大多數的答覆都是否定。」

　　一戰期間，由於嚴重的鐵路擁堵已經影響到了策略物資的運輸，紐約中央鐵路公司總裁史密斯（A. H. Smith）被國務卿麥卡杜傳喚到了華盛頓。麥卡杜任命史密斯為東方鐵路工程總管，命令他去解決所有的交通混亂問題，要讓鐵路運輸迅速得到恢復。

　　史密斯回到了自己的車上，外面的雨雪正惱人地敲打著車窗。這件指派給他的重要的任務使得他心煩不已。

　　他的僕人走了進來，看到主人一臉愁容的樣子他什麼也沒有說。

　　「拉斯特斯。」史密斯問，「你祈禱過嗎？」

　　「當然，當然祈禱過。」

　　「那麼，拉斯特斯，請替我祈禱吧，保佑我可以處理好這個爛攤子，讓火車正常地執行起來。」

　　「當然沒問題。」

　　「拉斯特斯，你的禱告上帝都回應了嗎？」

　　「都回應了。」

「你的禱告都得到了回應？那麼你正是我要找的人。」

這位僕人慢吞吞地向門口走去，回過頭來說：「但是，主人，大多數的答覆都是否定的！。」

被列入黑名單的首相

　　蘇格蘭人是一個不通融的民族。幾年前我應邀到洛西茅斯去打高爾夫球，這個地區也是當時的英國首相拉姆塞‧麥克唐納（James Ramsay MacDonald）的出生地和其避暑別墅所在地。當地人驕傲地指給我看這位工黨首相出生時的寒舍，但同時他們更驕傲地告訴我說這位首相是不被允許在當地打高爾夫球的。

　　我很是吃驚。將當地人的話翻譯成英語，他們是這樣對我說的：

　　你知道的，在世界大戰期間拉姆塞是和平主義者。我們都覺得他對德國人太過仁慈了。當他在這裡打高爾夫球時，每當我們抨擊德國人時他總是會馬上進行反駁。

　　三番五次下來，我們決定不和他一起玩球了。於是我們進行了投票，將他逐出了俱樂部。

　　在他成為首相後，俱樂部裡的一些人 —— 主要是一些遊客 —— 認為應該重新讓他加入俱樂部。但是我們這些人仍然沒有忘記戰爭期間德國人的罪行，所以即使他現

在成了大人物，我們也絕不會向他彎腰。我們又一次投票表決，他還是不被允許返回俱樂部。他的兒子是個好孩子，我們讓他的兒子來玩。但是首相自己只能到那些不知道他過去事情的俱樂部去玩了。

輕量級選手 vs.
重量級選手

於 1786 年建立的紐約商會所舉辦的一年一度的盛宴算得上是莊嚴肅穆又氣派不凡，到處瀰漫著明快、復古又典雅的氣氛。

嘉賓們要先在一間大屋子裡集合，老會員帶上一名其他會員很正式地共同走入會場。已故的詹姆斯·施派爾是一位親切又風趣的國際銀行家，在一次宴會上他要帶《華爾街日報》出版商肯尼恩·霍蓋特入場。施派爾體重不到 100 磅，而霍蓋特體重超過了 200 磅。

他們在一起聊了一會後，霍蓋特想去和另一個人聊天，於是對施派爾說：「等到入場的時候，要麼是我帶你進去，要麼是你帶我進去。」

施派爾故意一臉嚴肅地退後一步，上下打量著大塊頭霍蓋特，然後嚴肅地說：「還是你帶我進去吧！」

塞爾福里奇的好運

倫敦最偉大的零售商哈利·塞爾福里奇（Harry Gordon Selfridge）於 1864 年出生於威斯康辛州里彭市。他在很小的時候失去了父親，母親是一名教師。

16 歲時他到芝加哥馬歇爾·菲爾德公司工作，並迅速得到了提升，26 歲時成為公司的合夥人，管理這家公司並使其成為世界上最大、最具吸引力的服裝商店。

一天馬歇爾·福爾德走進這家店，攔住了一位收銀員小夥，詢問他的薪水是多少。

「每週四美元。」小夥驕傲地回答。

「哦，我在你這個年齡，這都是我一個月的收入了。」

年輕人絲毫沒有注意到面前這個人不凡的氣度說：「可能你現在也就賺這麼多吧。」

這個小夥就是塞爾福里奇。他的回答給老闆留下了很深的印象，於是他有了個很好的開始。

帶上帽子，以示禮貌

　　知名國際銀行家雅各布·希夫（Jacob Hirsch Schiff）非常講禮貌，並且時刻考慮別人的感受。據說有一次芝加哥一著名鐵路公司總裁到希夫的辦公室拜訪，該總裁在沙發上和希夫談了很長時間，但是一直沒有摘掉帽子。過了一會，希夫突然站起身來，走向衣櫥，拿出了自己的帽子，戴上帽子然後回到座位。希夫對此舉動什麼話也沒說：而是繼續和這位目瞪口呆的朋友談論生意上的事情。

　　維多利亞女王的回憶錄中也記載了這樣的故事：一天女王看見一位窮苦的老夫人正在用茶壺倒水，她趕緊過去幫忙，但是令她尷尬的是，婦人的一個小孫子喊道：「那是小豬存錢筒！小豬存錢筒！」

閃避的不足

電影大亨阿道夫・朱克（Adolph Zukor）是在紐約的一家免費的公立夜校裡接受的教育。

多讀報紙。他的老師這樣建議他。他對學習非常感興趣，根本不需要這樣的提醒。

威爾・歐文在朱克的傳記中寫到：當時的約翰・沙利文正處於鼎盛時期，朱克從報紙和其他學徒那裡知道了榮譽代表著什麼。在紐約東部的貧民區，拳擊成為當時所有男孩最瘋狂的夢想。

一天晚上在工作之後，阿道夫在工廠的走廊裡和另一個年齡和身高都與他相仿的男孩打了一架。他被對方狠狠地修理了一頓，惹得其他學徒哈哈大笑。從那時起阿道夫下決心要學習拳擊這門「高貴的藝術。」

等到他後來賺的錢多了，付清了房子的欠款後，他買的第一件奢侈品就是一副拳擊手套。他不停地練習——在工廠的走廊，在第九號街藍色房子的後院，甚至在附近的湯普金廣場練習。他應該是屬於輕量級選手，但是還沒

有得到權威人士的認可。他經常要去與一些塊頭比他大的男孩們去打拳擊，這些人無論是靈敏度、速度還是反應都要勝過他許多。

　　阿道夫十分欣賞他一個對手的一個拳擊絕招。當時流行的招數是用拳擊手套格擋開對手，但是這個人不這樣，他會把頭扭向一邊，讓對手的拳頭從耳邊擦過。阿道夫不斷地練習這個招數，然後反擊到對方的臉上。由於沒有專業的指導，他養成了每次都向右側躲閃的習慣。大概過了一年左右他的左耳被打扁了。

　　很多年之後，當他開始重視外表時，外科醫生盡力要幫他修復好耳朵，但是這隻左耳卻還是一副軟塌塌的樣子。

裸體的皇室受訪者

　　我當時還是南非的一名年輕的記者，鼓起勇氣去採訪一位正在來訪的日本皇室成員 —— 在日本這樣的國度裡採訪這種事情還是不多見的。

　　我被告知去一家旅館採訪。剛一敲門，裡面說：「請進。」

　　我走了進去。但是眼前的情景驚得我倒退了幾步，此時這位尊貴的皇室成員正全身赤裸地躺在一個大浴缸裡。我鞠躬行禮，對方卻堅持要我進去說話。

　　我採訪到了一些關於他的獨家新聞，而他在此期間一直在若無其事地洗澡。

　　這次的經歷告訴我其實最卑賤的和最高貴的人之間是沒有什麼區別的，因此以後見任何人，不論對方如何高高在上，我都不必心懷恐懼。

魔鬼的發明

羅伯特・考伊（Robert E. M. Coy）很久以前擔任過美國鐵路快運公司總裁，他給我們講述了下面的這個故事：

90 年前，賓州的一座篤信宗教的小鎮裡的文學社團將圍繞「鐵路有用嗎？」的話題展開一場辯論。他們希望有很多聽眾參與於是申請使用一間校舍。對於該申請，該校的董事會在經過慎重考慮後作出了如下的答覆：

「如果貴社團要使用我們的校舍來討論一些體面的、道德上的問題的話，我們將很樂於配合。但是像鐵路這樣的事物是既邪惡又荒謬的。如果上帝允許人類以這種每小時七英里的速度前進的話，他就會借預言家們的口明確地告知我們。但是既然聖經對於此事隻字未提，那說明鐵路就是魔鬼的發明，要使不朽的靈魂走向地獄。因此，我們在此拒絕你們使用我們的校舍。」

請注意字跡！

　　已故的約翰·拉斯科布（John Jakob Raskob）曾經是通用汽車公司財務委員會的主管，他不喜歡任何字寫得不好的員工。他辦公室裡有個員工聰明又能幹，但就是字跡潦草得讓人無法辨認。

　　拉斯科布的一位朋友一次在隔壁的房間等著見他，這位朋友偶然聽到他對下屬說了下面的這些話：

　　「吉姆，如果你寫的字別人都不知道是什麼的話那還有什麼意義？你有沒有聽過一個貨物代理人的故事，一天他收到了一批貨物，其中包括在運貨單上標明的「1 頭驢子（1 burro）。」在仔細清點完貨物後，這位代理人這樣記錄到：「缺 1 個衣櫃（1 bureau）；多出 1 頭驢。」

祈禱吧！

　　通常人們認為銀行家是不懂幽默的。但是摩根（John Pierpont Morgan）公司掌門人湯瑪斯・拉蒙特（Thomas W. Lamont）確實幽默感十足。在紐約大學俱樂部的一次午宴上，時任麻省理工學院校長的卡爾・康普頓出席了宴會，拉蒙特見到他馬上就講了下面的這個故事：

　　「一位牧師回到了母校霍巴特，並應邀在禮堂做演講。他講了長長的一番話說明霍巴特（Hobart）的含義。先用十分鐘解釋第一個字母「H」代表「榮譽」，並告訴學生們榮譽對於他們的人生、現在和未來的意義。第二個字母「O」代表「服從」。他又大概用了十分鐘解釋什麼是服從。接下來，「B」代表「勇敢」等等。就這樣講了大概一個小時，學生們感到疲憊極了。

　　「之後不久，一位大四的學長在操場上碰到了一名大一新生正雙膝跪地向上帝禱告。」

「學弟，你在禱告什麼哪？學長問道。」

「哦，新生說：我正在感謝上帝沒有讓我爸爸把我送到麻省理工學院。」

不磨蹭的努森

　　已故丹麥人威廉‧努森（William S. Nuson）曾經是通用汽車公司總裁。他本人是個行動派，做事雷厲風行，總是喜歡講述自己第一天到美國時所遇到的事情，並以此來解釋為什麼他有這樣的行事風格。

　　「我剛剛從汽輪上下來，站在跳板上正一個人呆呆地看著這片陌生的土地。」努森先生回憶道

　　我聽得懂英語，突然，我聽到有人在朝我大喊：

　　「快走，你這個討厭鬼，趕快消失，消失！」

　　「他們一直這樣衝著我大喊，而我在美國一待就是好多年了。」

大逆轉

格蘭特（W. T. Grant）是格蘭特公司的建立者，他的經商經驗是與波士頓的一家鞋店所簽訂的合約開始的。

他一下子買進了大量的鞋，顧客都沒處立腳了。這次生意賠了很多錢，他的老闆決定要辭掉他。

由於工作合約中並沒有標明格蘭特從事工作的類型，為了讓格蘭特自己違約在先，老闆開始重新改造店鋪並命令格蘭特把挖出來的土自己運到馬路上。

格蘭特先生知道自己這次失敗了，但是在成功之前他是絕不會退出的。他每天不停抬土，後來老闆也承認這個年輕人很有性格，如果好好利用的話，也許對雙方都有好處。

於是老闆派格蘭特去管理緬因州的一家不景氣的店鋪。

當時的天氣極其寒冷，鞋子在試穿之前都要在火爐上烤一烤，即便如此在緬因州的鞋店裡，格蘭特先生還是大

獲成功。老闆於是又派他去管理鄰近地區的另一家鞋店，這樣他就同時負責兩家店舖了。

　　他給老闆帶來了巨大的利潤，於是被調到波士頓附近工作。在波士頓他想到了一個計劃，就是這個計劃促成了今天這個大型連鎖百貨商店的誕生。

迷信的投機者

曾經是美國最大股票市場營運商的杜蘭特（William Crapo Duran）和亞瑟‧卡藤都很迷信。

杜蘭特最喜歡的數字是 8。他總是購買 8 千股股票，對於中意的股票就買進 8 萬股。他購買的股票數量總是 800 的倍數。

卡藤喜歡的數字是 6。據他的一位朋友透露，他總是一次性買進 6 千股股票，並且對他喜歡的股票他經常買進 6 萬股。有一次他一次購買了 12 萬股的某股票，這正好是 6 萬的二倍。

還有一些投機者總是喜歡以千為單位購買股票。這樣的方法和杜蘭特的方法異曲同工，都是為了便於計算，因為股票價格的波動都是八進位制的。

塞勒斯·柯蒂斯的通行證

　　吉卜林曾經住在佛蒙特州的伯瑞特波羅鎮，在那裡他建立了自己的「納拉哈卡」小屋並寫下了許多不朽的作品。

　　他喜歡用支票來付錢。但令他不解的是每次都很少有人到銀行去兌現這些支票。後來經過調查他發現那些收了支票的商人們更願意把支票裝裱起來作為紀念品收藏。

　　其他的名人也遇到過同樣的事情。已故的《星期六晚間郵報》的出版商塞勒斯·柯蒂斯有一次在西部旅行時要去拜訪一位西雅圖《時代報》的老友布萊森。柯蒂斯報上名字，但是外面辦公室的小夥子卻不認識他。

　　「你有預約嗎？」小夥子問。

　　「沒有。」

　　「有名片嗎？」

　　柯蒂斯從緬因趕來，沒有帶名片。他環視了一下這間屋子，突然看到一張被裝裱在鏡框中的、帶有他簽名的、

未兌現的支票正掛在一位年輕編輯的牆上。柯蒂斯從牆上摘下鏡框遞給了面前這位目瞪口呆的小夥子。

　　「這個人就是我。」這位著名的出版商說：「把這個帶給你們的主編看吧。」

對白宮無理的美國西部人

　　柯立芝總統在白宮有過一次很不尋常的經歷。一次，他邀請一位美國西部人士到白宮吃午飯。美國總統發出的邀請通常都等同於命令，按理說人們務必要執行的。

　　但令柯立芝總統大吃一驚的是，這個人卻說他不能參加午宴，因為他已經和別人有約在先了。但是他向總統保證說如果能改天的話，他一定會很樂意前往的。

　　換成別的總統一定會將此行為視為侮辱。但是柯立芝總統卻笑著說他仍然期待著有一天可以和這個人共進午餐。

　　當這個人把這件事說給他的朋友們聽時，朋友們都嚇傻了。他們指責他居然敢違抗白宮的旨意，並警告他說總統一定不會放過他的。

　　然而，一週後，柯立芝總統又一次發出了邀請。這次，這個西部人應邀前往了。

赫克特不能娶的人

紐奧良銀行家魯道夫・赫克特（Rudolf S. Hector）屬於白手起家的企業家。1903 年 18 歲的他從德國來到美國，加入到芝加哥的銀行業，三年後跳槽到紐奧良，在這裡的希波尼亞銀行和信託公司做外匯交易經理。

3 年後這位 33 歲的、沉穩的路易斯安那州人成為一家新銀行的總裁。

他不斷升遷，成為聯邦儲備局和很多地方行業的理事。他在商業發展上的貢獻使他獲得了「皮卡尤恩時代報」的年度獎，授予他「最有貢獻的市民」稱號。

赫克特先生天性活潑，愛好美食，尤其鍾愛油酥點心。據他的室友大衛・卡斯講述，當他在芝加哥做銀行職員期間，有一次他到一家以巧克力蛋糕聞名的飯店吃飯。那次他沒有點蛋糕，而是點了一個甜餅，這個甜餅的外皮又薄又脆。他一邊讚不絕口地吃，一邊大喊道：「我要娶做甜餅的人。」

服務員也大喊道：「老天啊！你不能這樣做！她是個黑人。」

聰明的皇室成員

約克公爵在上學期間每月從他的祖母維多利亞女王那裡得到一筆零用錢。這筆錢數量很少，只有 5 英鎊（合 25 美元），但是在以節儉著稱的女王看來這筆錢已經是不少了。

有一次這位未來的國王實在是急需一筆現金，就寫信給自己的祖母想讓她預先支付給他下個月的零用錢，為此他給出了很多自認為合理的理由。

女王回信了，拒絕了他的要求，並且批評了他亂花錢的愚蠢行為，叮囑他一定要屬行節儉。

年輕的公爵很快給女王回了信。他感謝了女王對他的告誡，並且充滿敬意地說他現在已經學會省錢了。他的一位同學非常熱衷於收集名人的親筆簽名，於是他以 10 英鎊（合 50 美元）的價格將女王的簽名賣給了他。

名字中的「D」

歐文・楊（Owen D. Young）在大學報到時，需要報上自己的全名。

「歐文・楊」他回回答。

「中間名是什麼？」

他沒有中間名。

對方堅持說必須得有中間名。於是為了避免尷尬，楊脫口而出「D」。

直到今天他仍然不清楚「D」到底代表什麼。

東方人的困惑

懷特公司總裁、拖拉機和公共汽車製造商瓦爾特・懷特（Welt C. White）用這個故事告訴我們，在時間觀念問題上美國人和東方人有著怎樣巨大的差異。

懷特先生有一次和一名優秀的日本經銷商在下曼哈頓地區開會。下午他們要乘坐地鐵到城外去吃飯。途中還要換乘特快列車。

這個日本人注意到地鐵和特快列車行駛的是同一條隧道。到了42號街時他好奇地問為什麼他們一定要換乘呢。

懷特先生解釋說地鐵每一站都要停車，而特快列車直達中央火車站，中間只停一次。

「乘坐特快我們用了 14 分鐘。」懷特說：「如果我們一直乘地鐵的話大概需要 21 分鐘。這樣我們就可以節省 7 分鐘。」

日本人沉思了一會。

「但是你用這 7 分鐘能做什麼呢？」日本人問道。

裁縫眼中的男高音

恩里科・卡魯索（Enrico Caruso）很喜歡講這則關於他裁縫的故事。一次這位偉大的男高音給了裁縫兩張他演出的門票。過了幾個星期後他又見到了裁縫，就問裁縫是否喜歡自己的表演。

「啊，卡魯索先生。」裁縫答道：「並沒有我想像的那麼好。你外套的墊肩有點過高了，你的褲子⋯⋯。」裁縫露出了十分不滿的表情。

羅伯特·多拉爾的
人生哲學

　　羅伯特·多拉爾（Robert Traill）享年 88 歲，在他生命的盡頭他仍然每天都活躍在公司，他說是自己的意志力賦予了他力量。他很高興自己沒有一個富裕的出身，沒有被送進大學！在他 85 歲時他給我寫了這樣的一封信：「拜讀你的《關於人生與事業的思考》大作後，我很喜歡你關於工作的描述。我認為如果我無法工作，那麼我將無法維持生命。生活中的磨礪使我變得堅強，勤奮是我的第二天性，我的樂趣就是工作，就是取得成就，在工作中我獲得了無數的快樂。」

　　我上一次的環球旅行便是如此。我給朋友、商人、對手共打了 624 通電話。在遠東地區很少有電梯，所以打這些電話意味著我要爬至少 200 個階梯。所以說工作中的樂趣讓我保持了良好的健康狀態。每天一起床就開始準備一整天的工作，或者也可以說是準備迎接一天的快樂。

　　我認為我的力量來自於我的意志力。有例為證：不久前我和 260 名員工在遊輪上共進午餐。當天早晨我的風溼病犯了，腿無法動彈，但我仍執意要去參加宴會。兩個人把我架到了船上，放在了座位上。看著年輕人們玩得那麼開心我忘記了自己的疼痛，等宴會結束時我沒用任何人攙扶自己走下了遊輪。

　　與那些有錢但不幸的、只能在 24、25 歲左右才能開始人生的大學畢業生們相比，我們這些自幼被迫自謀生路的人是多麼幸運啊。

電子書購買

爽讀 APP

國家圖書館出版品預行編目資料

從逆境中崛起，富比士榜上的商界傳奇：市場分析 × 創新管理 × 策略規劃，借鑑成功企業家的思考模式 / [美] 伯蒂・查爾斯・富比士（B. C. Forbes）著，莊天賜 譯 . -- 第一版 . -- 臺北市：財經錢線文化事業有限公司 , 2024.07
面；　公分
POD 版
譯　自：Unusual experience : workplace stories from business leaders.
ISBN 978-957-680-920-0(平裝)
1.CST: 企業家 2.CST: 企業經營 3.CST: 傳記
490.99　　113009883

從逆境中崛起，富比士榜上的商界傳奇：市場分析 × 創新管理 × 策略規劃，借鑑成功企業家的思考模式

臉書

作　　者：[美] 伯蒂・查爾斯・富比士（B. C. Forbes）
譯　　者：莊天賜
發 行 人：黃振庭
出 版 者：財經錢線文化事業有限公司
發 行 者：財經錢線文化事業有限公司
E - m a i l：sonbookservice@gmail.com
粉 絲 頁：https://www.facebook.com/sonbookss/
網　　址：https://sonbook.net/
地　　址：台北市中正區重慶南路一段 61 號 8 樓
8F., No.61, Sec. 1, Chongqing S. Rd., Zhongzheng Dist., Taipei City 100, Taiwan
電　　話：(02) 2370-3310　　傳　　真：(02) 2388-1990
印　　刷：京峯數位服務有限公司
律師顧問：廣華律師事務所 張珮琦律師

定　　價：299 元
發行日期：2024 年 07 月第一版
◎本書以 POD 印製
Design Assets from Freepik.com